50

Dinge, die man mit einem kleinen Teleskop sehen kann

John A. Read

www.facebook.com/50ThingstoSeewithaSmallTelescope/

Titel der amerikanischen Originalausgabe: 50 Things to See with a Small Telescope

Aus dem Englischen von Sarah Hoffmann

Die Sternenkarten in diesem Buch wurden mit Stellarium http://www.stellarium.org/de/ hergestellt, einem Open Source Programm für die Sternenbeobachtung.

Titelfoto von Sean McCauley. Bitte besuchen Sie seine Internetseite (siehe unten) für Kontaktdetails, wenn Sie Fotos oder Videos benötigen.
http://silhouetteproductions.com

Fotos der folgenden Teleskope wurden von Celestron bereitgestellt:
Celestron FirstScope (Seite 10), Celestron Powerseeker 114Az (Seite 10) und Celestron NexStar 6SE (Seite 11)

Fotos der folgenden Teleskope wurden mit Erlaubnis von Orion Telescopes & Binoculars nachgedruckt, www.telescope.com:
6'' Orion SkyQuest (Seite 10), 8'' Orion SkyQuest (Seite 11)

Foto der Meade Lightbridge Dobson-Teleskope mit Genehmigung von Meade Instruments

Quelldateien der Teleskopansicht für Deep Sky Objekte wurden mit der Erlaubnis der folgenden Astrofotografen aus tatsächlichen Astrofotos erstellt:

Mark Stanford Sr: Trifidnebel
Stuart Forman: Doppelsternhaufen, M1, M13, M27, M51, M81 & M82, M81 (Supernova hinzugefügt).
Mike Harms: Andromeda, Komet, M42

Fotos der NASA befolgen die unten verlinkten Anweisungen für die Fotonutzung der NASA:
http://www.nasa.gov/audience/formedia/features/MP_Photo_Guidelines.html

Dieses Buch ist Jennifer gewidmet, die mir zuhört, wenn ich die ganze Zeit über das Weltall rede.

Danksagungen

Ich möchte Marni Berendsen danken, der Entwicklerin des NASA Night Sky Networks, die beim Lektorat und der Faktenüberprüfung dieses Buchs tolle Arbeit geleistet hat.

Ich möchte mich auch bei der Mount Diablo Astronomical Society (MDAS) dafür bedanken, dass sie stetig meinem Wunsch nachkommt, mehr über das Universum zu lernen. Dieses Buch wäre ohne die Unterstützung der wunderbaren Mitglieder der MDAS nie entstanden.

Schauen Sie auf diese Seite, um einen Astronomieclub in Ihrer Nähe zu finden:

http://www.skyandtelescope.com/astronomy-clubs-organizations/

Inhaltsverzeichnis

Anmerkung des Autors:

Wenn ich durch mein Teleskop schaue, erkunde ich eine neue und fantastische Grenze.

Ich weiß, dass Sie am liebsten das Buch in der Mitte aufschlagen, etwas Cooles aussuchen und es dann durch Ihr Teleskop sehen wollen. Bedenken Sie bitte, dass nur ein Drittel der Objekte an einem bestimmten Abend zu sehen sein wird. Ehe Sie Ihr Teleskop für den Abend vorbereiten, laden Sie sich eine Astronomie-Software herunter, etwa Stellarium (www.stellarium.org/de). Mit dieser Software können Sie die Jahreszeit bestimmen, an der das gewünschte Objekt sichtbar ist. Ich habe zudem für jedes Objekt einen Schwierigkeitsgrad gewählt (in Supernovae gemessen). Im Allgemeinen ist das Buch nach zunehmendem Schwierigkeitsgrad geordnet.

Da ich den Himmel meistens in der nördlichen Hemisphäre beobachte, bezieht sich dieses Buch eher darauf. Ich entschuldige mich daher bei unseren Freunden in Australien, Brasilien und anderen Ländern der südlichen Hemisphäre.

Und zu guter Letzt eine erste von vielen Ermahnungen: Schauen Sie nicht durch ein Teleskop in die Sonne, ohne einen kommerziellen Sonnenfilter zu benutzen! Viel Spaß!

Einleitung

Dieses Buch ist für Besitzer eines kleinen Teleskops. Im Sinne des Buches sind das Teleskope, die für ein paar hundert Euro und weniger gekauft wurden. Ein Grund, warum ich das Buch geschrieben habe, ist, dass ich auf die Probleme eingehen wollte, die Besitzer kleiner, im Kaufhaus gekaufter Teleskope haben können. Der ursprüngliche Titel des Buches war eigentlich *50 Dinge, die man mit einem Teleskop aus dem Kaufhaus sehen kann.*

Viele Teleskope werden einmal benutzt, wieder eingepackt und tief im Schrank vergraben. Manchmal verleiten die Fotos von Planeten und Galaxien auf der Verpackung die Menschen zum Kauf, da sie denken, ihr Teleskop erzeugt Bilder wie das Hubble Space Teleskop.

Sie haben vielleicht bereits versucht, das Teleskop zu benutzen, und bemerkt, dass die Montierung wacklig, die Optik schlecht und der Computer (wenn es einen hat), in den 14000 Objekte einprogrammiert sind, Jupiter nicht vom Mond unterscheiden kann.

Das war bei meinen ersten drei Teleskopen der Fall. Als Kind habe ich mir stundenlang irgendwelche Objekte am Himmel angesehen und davon geträumt, eines Tages etwas Aufregendes zu sehen. Ich hatte verzweifelt gehofft, etwas zu sehen, das meine Seele entflammt und mich zu einer lukrativen Karriere als Astronaut führt.

Ich war erwachsen und hatte eine Karriere im Bereich Unternehmensfinanzierung begonnen, ehe ich eine dieser erleuchtenden Erfahrungen hatte und meine Seele wirklich für die Astronomie entflammt wurde. Die örtliche Apotheke hatte kleine Teleskope für $13.99 verkauft. Die Verpackung war wunderschön mit Bildern von Saturn und Jupiter. Ich dachte: *Ist doch egal, ich mach's, ich kaufe dieses Teleskop!*

Ich trug das Teleskop nach Hause und baute es auf. „Dieses Teleskop ist wirklich **nicht** sehr gut!", dachte ich und schämte mich, weil ich Geld für diesen Mist ausgegeben hatte. Das Teleskop hatte ein Kamerastativ aus Plastik anstatt einer richtigen Teleskopmontierung, die Okulare waren sehr klein, die Hauptlinse war so groß wie eine große Münze und das Suchfernrohr war anscheinend nur Dekoration.

Aber ich wollte es versuchen. Ich trug das Teleskop nach draußen und stellte es vor meiner Wohnung unter einer Straßenlaterne neben der U-Bahn-Linie auf. Ich drehte mein kleines Teleskop in Richtung eines hellen, gelben Sterns, der gerade am Horizont erschienen war.

„Wahnsinn!", dachte ich, als das wacklige Teleskop sich bei Windstille an diesem klaren Abend stabilisierte. Ich sah vor mir, in perfekter Auflösung und perfektem Fokus, ohne auch nur den Hauch einer Verzerrung, zum ersten Mal die Ringe des Saturn.

Für die meisten Leser ist das erste Teleskop, das er kauft (oder geschenkt bekommt) einfach nur eine Qual. Man muss seinen Hals verrenken, um ins Okular zu schauen. Nun, dieses Buch ist genau für diese Menschen.

Was hat mich inspiriert, dieses Buch zu schreiben? Nun, ich arbeite über das Night Sky Network der NASA viel ehrenamtlich mit der Gruppe für Öffentlichkeitarbeit der örtlichen astronomischen Gesellschaft. Wir besuchen Schulen und erklären den Schülern Astronomie und wie man ein Teleskop benutzt. Die Sache ist die, auch wenn wir in Kalifornien sind, ist der Himmel nicht immer 100% klar. Das ist eine typische Unterhaltung:

Kind: „Können wir uns die Sonne ansehen?"

Ich: „Nein, wir können die Sonne nur am Tag sehen."

Kind: „Kann ich mir den Mond ansehen?"

Ich: „Nein, man sieht ihn heute Nacht nicht. Aber es gibt viele andere Dinge zu sehen."

Kind: „Was denn?"

Unterdessen bewölkt sich der Himmel.

Ich: „Das zum Beispiel." Richtet Teleskop auf Saturn.

Kind: „Ich sehe es nicht."

Ich: „Oh, eine Wolke hat sich genau vor Saturn geschoben."

Das Kind geht weg.

Wenn das passiert, muss man kreativ sein, da es sonst zum Chaos kommt. Den Schülern wird langweilig und sie fangen an, Dinge herumzuwerfen. Die Lehrer geben ihnen Taschenlampen, mit denen sie dir ins Gesicht leuchten. Du drehst ihnen zehn Sekunden den Rücken zu und schon sitzt ein Kind auf deinem Teleskop und reitet es wie ein Pferd.

Manchmal müssen wir einfach unkonventionell denken. Ich war auf der Spitze des Mount Diablo bei einem Astronomie-Event, als es wolkig wurde. Ich entschied, das Teleskop auf das rote Licht auf dem Observatoriumsgebäude auf dem Gipfel zu richten. Die Schüler waren fasziniert!

Das Licht war 400 Meter entfernt, aber man konnte die Kondensation auf dem Gehäuse aus rotem Glas sehen. Eine Motte flatterte drum herum.

Den Kindern fiel auf, dass die Glühbirne im Teleskop auf dem Kopf stand, und ich musste erklären, wie das durch die Linsen und Spiegel im Inneren des Teleskops verursacht wurde. Indem wir uns die 400 Meter entfernte Glühbirne ansahen, konnten wir die Fähigkeiten des Teleskops verstehen, während wir etwas Bekanntes, etwas so Kleines, etwas so weit Entferntes beobachteten.

Wir haben eine halbe Stunde auf die Glühbirne geschaut. Mindestens einhundert Menschen haben sie gesehen. In dieser Nacht wurden genauso viele zukünftige Wissenschaftler geboren wie in einer Nacht ohne Wolken.

Sie haben noch kein Teleskop?

Seitdem ich 2013 die erste Version dieses Buches veröffentlicht habe, haben mich viele Menschen gefragt, welches Teleskop sie sich je nach ihrem Budget kaufen sollen. Die häufigste Antwort darauf ist „Das kommt darauf an." Ich hasse es, diese Antwort zu geben. Die meisten Menschen, die mit Hobby-Astronomie anfangen, wollen eins: **coole Sachen sehen.** Sie wollen keine Fotos machen oder bahnbrechende wissenschaftliche Entdeckungen machen. Damit im Hinterkopf ist meine Hauptregel für den Kauf des ersten Teleskops, dass es die größte Öffnung haben sollte, die man sich leisten kann (die Blende ist der Durchmesser der Hauptlinse oder des Hauptspiegels). Ich bleibe bei diesem Ratschlag, da man so am besten coole Sachen sehen kann.

Celestron FirstScope

Wenn Ihr Budget zwischen €50 und €100 liegt:

Dieses Teleskop für den Tisch hat eine Öffnung von 76mm, mehr als genug, um alles in diesem Buch zu sehen. Und für € 70 bekommen Sie eine leicht zu benutzende Montierung.

Zwischen €100 und €200:

Bei diesen Preisen sollten Sie nach Teleskopen mit einer Öffnung über 110mm (~4.5 Zoll) suchen. Damit können Sie Saturns Ringe und viele Deop Sky Objekte beobachten.

Celestron Powerseeker 114AZ

Proftipp: Kaufen Sie ein gebrauchtes Teleskop, so bekommsen Sie eine bessere Öffnung für Ihr Geld.

Zwischen €200 und €300:

In dieser Preisklasse gibt es einige tolle Teleskope. Versuchen Sie, eines mit einer 6 Zoll Öffnung zu bekommen, es lohnt sich! Dobson macht einige tolle Teleskope!

6 Inch Orion SkyQuest

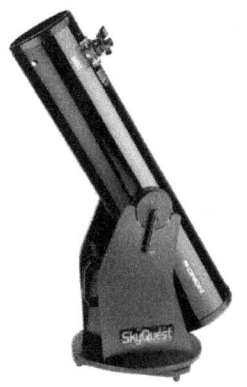

Zwischen €300 und €400:

Jetzt geht es richtig los! In dieser Preisklasse finden Sie Teleskope mit einer Öffnung zwischen 8 und 10 Zoll. Ich persönlich mag die Dobson-Teleskope, da sie einfach zu benutzen sind und tolle Ansichten von Galaxien, Nebeln und Kugelsternhaufen bieten.

8 Inch Orion SkyQuest

Zwischen €400 und €1000:

Bei dieser Preisklasse sollten Sie die Öffnung für ein computerisiertes Teleskop eintauschen. Ich persönlich würde das nicht, aber es ist eine Möglichkeit. Ein 12 Zoll Dobson ist ein ordentliches Teleskop. Am dunklen Himmel können Sie ferne Kometen und dunkle Galaxien. Manche Menschen suchen damit sogar nach unentdeckten Supernovae!

Meade Lightbridge Dobsonian

Unter €1000 haben die häufig benutzten oder computerisierten Teleskope meist eine Öffnung bis zu 6 Zoll. Aber sie haben coole Funktionen wie Touren durch den Himmel und Satellitenverfolgung!

Celestron NexStar 6se

Schwierigkeit

Dies ist eine Auflistung der Schwierigkeitsgrade bei der Beobachtung verschiedener Objekte.

1 Supernova: Echt jetzt, wie konnten Sie das bisher nicht sehen?

2 Supernovae: Wahrscheinlich eines der hellsten Objekte am Himmel.

3 Supernovae: Wenn Sie das sehen können, sind Sie offiziell ein Hobbyastronom!

4 Supernovae: Echte Astronomen beneiden Sie um Ihre Leistung.*

5 Supernovae: Sie haben wahrscheinlich gerade eine echte Supernova entdeckt und sind der Liebling der Medien!

*Manchmal muss man sich stundenlang in Geduld üben, bis man das Objekt gefunden hat, das man sucht, und es ist dann nicht immer spektakulär, aber darum geht es nicht. Der Punkt ist, die Objekte wertzuschätzen, die Sie sehen können! Hoffentlich hilft Ihnen dieses Buch dabei, die wahre Pracht der Objekte zu würdigen, die sich am Himmel befinden.

Eine Anmerkung zur Farbe

Wussten Sie, dass Menschen bei schwacher Beleuchtung nur schwarz-weiß sehen können?

Nur wenn Sie eine Digitalkamera verwenden, werden Galaxien und Nebel farbig. Viele Objekte, die mit professionellen Teleskopen abgebildet werden, befinden sich nicht einmal in Wellenlängen, die das menschliche Auge sehen kann! In diesem Fall weisen professionelle Astronomen den Wellenlängen des Lichts eine Farbe zu, die das menschliche Auge sehen *kann*. Diese Farben werden Falschfarben genannt.

In diesem Buch geht es darum, was **Sie** durch Ihr Teleskop SEHEN können. Nicht, was eine Kamera abbilden kann. Astronomen, die sich auf visuelle Astronomie spezialisiert haben, sprechen oft von „schönen Flecken", da die meisten Deep Sky Objekte ohne eine Kamera so aussehen.

Aus diesem Grund ist dieses Buch ganz anders als die meisten Bücher für Astronomieanfänger. Ich habe mich entschieden, die Druckversion des Buches in schwarz-weiß zu lassen, so dass Sie, der angehende Astronom, fast €10 sparen, die Sie in Ihr neues Teleskop investieren können!

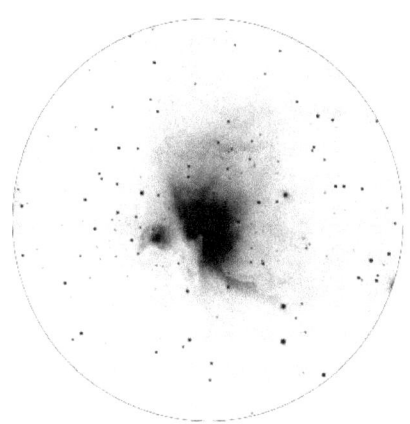

Ein schöner Fleck!

13

Dinge, die Sie für den Anfang brauchen

1. Das Teleskop, das Sie zu Weihnachten (oder Chanukkah oder Ihrem Geburtstag) bekommen haben.

2. Ein grundlegendes Verständnis darüber, wie Sie es fokussieren und auf die hellen Dinge am Himmel richten. Lesen Sie die Anleitung Ihres Teleskops für mehr Details.

3. Eine Astronomie-App wie „Stellarium" für Mac und PC, die Sie auf http://www.stellarium.org/de oder im App Store bekommen. Sie brauchen so eine App, um die Lage vieler der hier im Buch beschriebenen Objekte zu finden. Planeten folgen meist nicht dem Jahreskalender, so dass Sie eine Software brauchen, um die aktuelle Lage des Planeten am Himmel zu finden.

4. Sie brauchen einen kommerziellen Sonnenfilter, wenn Sie mit Ihrem Teleskop in die Sonne schauen wollen. Wenn Sie in die Sonne schauen wollen, müssen Sie IMMER einen kommerziellen Sonnenfilter über der **Objektivlinse** oder dem **Hauptspiegel** verwenden. Diese Filter können bei einem Online-Anbieter für Teleskope gekauft werden.

Verwenden Sie nie einen Sonnenfilter, der nur Ihr Okular bedeckt. Das Sonnenlicht wird durch den Filter brennen und SIE WERDEN SOFORT ERBLINDEN.

1. Der Nordstern (Polaris)

Viele Menschen haben eine falsche Annahme darüber, welcher Stern tatsächlich der Nordstern ist. Ich habe mich schon mit Leuten darüber gestritten, welcher Stern der Nordstern ist. Manche haben dabei sogar auf Sirius gezeigt (der im Allgemeinen im Süden liegt), da er zu der Zeit der hellste Stern war, den sie sehen konnten. Tatsächlich ist der Nordstern auf Platz 48 der hellsten Sterne am Nachthimmel!

Um den Nordstern zu finden, müssen Sie den beiden Sternen, welche die Hinterachse des Großen Wagens bilden, zum nächsten hellen Stern folgen (wie das Diagramm unten zeigt). Der Nordstern ist eigentlich ein sichtbarer Doppelstern. Vielleicht entdecken Sie mit Ihrem Teleskop auch den zweiten Stern namens Polaris B!

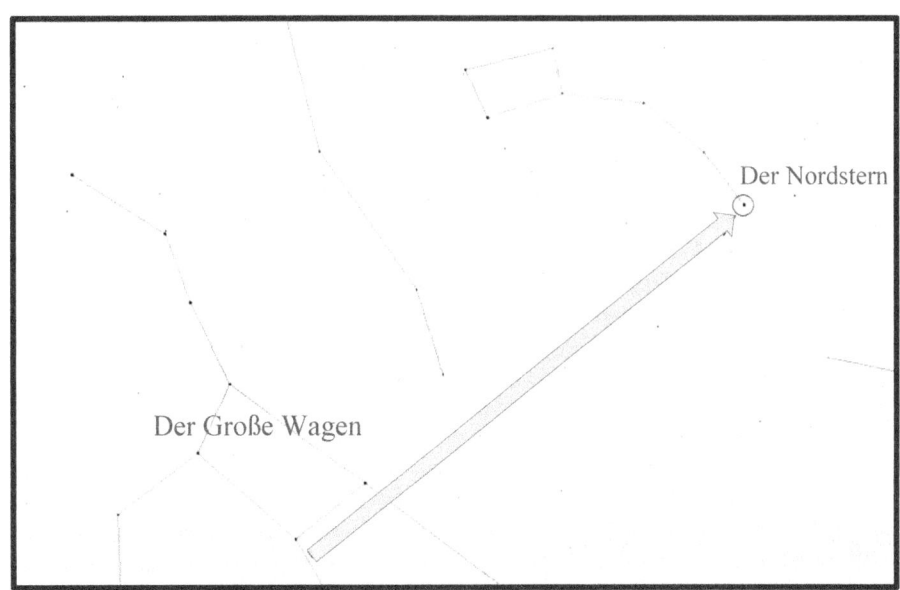

Der Nordstern ist sehr wichtig für Menschen, die ein äquatorial montiertes Teleskop in der nördlichen Hemisphäre haben. Damit diese Montierung richtig funktioniert, muss eine Achse genau auf diesen Stern zeigen.

Ich entschuldige mich bei den Bewohnern der südlichen Hemisphäre dafür, dass ich Objekte erwähne, die Sie in ihren Heimatländern nicht sehen können.

Schwierigkeit: 1 Supernova.

2. Venus

Ah, die Venus! Dieser wunderschöne Planet ist nach der römischen Göttin der Liebe und Schönheit benannt. Da die Venus näher an der Sonne ist als die Erde, steigt sie nie sehr hoch in den Abendhimmel hinauf, und da sie immer nah bei der Sonne ist, können Sie die Venus nur kurz nach Sonnenuntergang oder direkt vor dem Sonnenaufgang sehen.

Die Venus ist hell, sehr hell. Tatsächlich ist Venus eine der Hauptquellen für UFO-Sichtungen von Piloten. Der Grund ist eine optische Illusion. Objekte, die sehr weit entfernt sind, scheinen sich nicht zu bewegen. Wenn sich also der Beobachter (die Person, die das Objekt sieht) bewegt, erzeugt das die Illusion, dass er von dem Objekt verfolgt wird, in diesem Fall von der Venus.

Wie oben gesagt kann man die Venus entweder direkt vor Sonnenaufgang oder nach dem Sonnenuntergang sehen. Um sie zu finden, sollten Sie mit der App Star Walk oder dem Programm Stellarium ihre Lage bestimmen.

Während Sie die Venus durch das Teleskop betrachten, sollten Sie darauf achten, dass sie ein wenig wie der Mond aussieht. Der Grund ist, dass die Venus wie der Mond Phasen hat. Da sie näher an der Sonne ist als die Erde, sehen wir manchmal die Nachtseite der Venus.

Wenn jemand durch Ihr Teleskop schaut und sagt: „Hey, ich sehe den Mond!", dann bitten Sie ihn zurückzutreten und lassen Sie ihn schauen, wo das Teleskop hin zeigt.

Schwierigkeit: 2 Supernovae.

Venus abgebildet von der Mariner 10 Sonde

Venus durch ein Teleskop

3. Arktur und Spica!

Sie finden Arktur und Spica im östlichen Himmel. Wenn Sie einen Bogen mit der Deichsel des Großen Wagens bilden und diesem über den Himmel folgen, gelangen Sie zu dem hellen Stern Arktur. Dann können Sie den Bogen gerade machen und gelangen zum bläulichen Stern Spica.

Arktur ist ein orangefarbener Roter Riese und der vierthellste Stern am Himmel, während Spica ein Blauer Riese und auf Platz 15 der hellsten Sterne steht. Spica ist Teil des Sternbilds Jungfrau, während Arktur sich im Bootes, dem Bärenhüter, befindet (was viel lustiger auszusprechen ist).

Arktur ist ein sehr interessanter Stern, da er im Verlauf unseres Lebens sich merklich im Vergleich zu den anderen Sternen bewegen wird (in 100 Jahren etwa 1/7 des Durchmessers des Mondes). Tatsächlich bewegt er sich mit 122 km/s. So schnell, dass er in etwa einer halben Millionen Jahre nicht mehr sichtbar sein wird!

Spica dreht sich und ist variabel (seine Helligkeit nimmt zu und ab). An seinem Äquator dreht er sich mit 190 km/h und bei jeder Drehung ändert sich seine Helligkeit etwas.

Schwierigkeit: 1 Supernova.

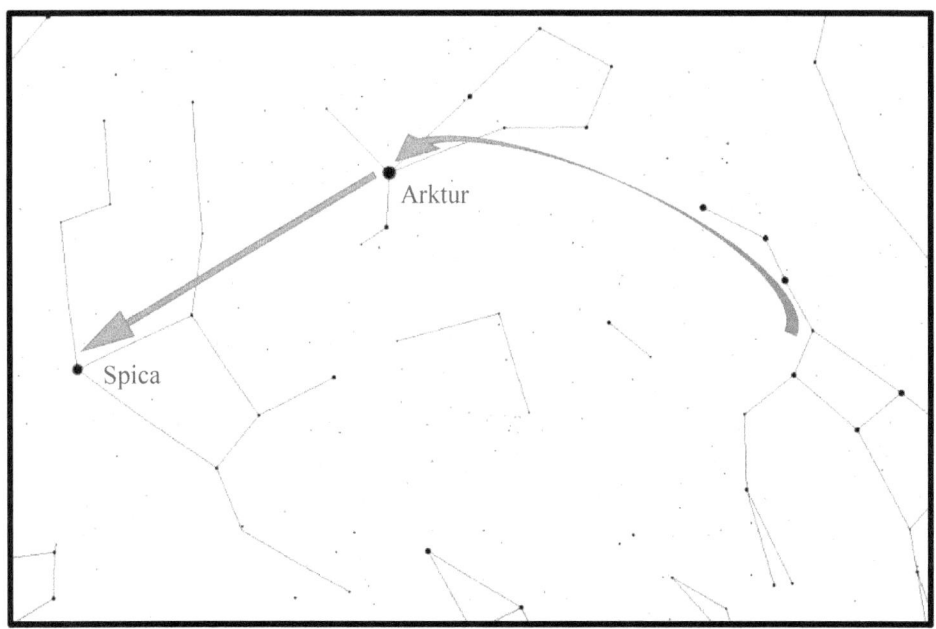

4. Beteigeuze

Ja, Beteigeuze, den Sie vielleicht aus *Per Anhalter durch die Galaxis* kennen! Kinder lieben diesen Stern, da sein Name wie Beetlejuice klingt (ein Film, der durch den Namen des Sterns inspiriert wurde).

Dieser große, rote Stern ist eine Überraschung für alle, die denken, dass alle Sterne weiß aussehen (darunter auch ich, bis ich mich vor ein paar Jahren wirklich mit Astronomie auseinandersetze). Auch er verändert mit der Zeit seine Helligkeit. Normalerweise ist er der achthellste Stern am Himmel, aber er kann auch so hell wie der sechste oder so finster wie der zwanzigste sein!

Beteigeuze ist leicht zu finden, da er der hellste Stern am oberen Ende des Sternbilds des Orions ist. Wenn Sie ihn sich mit dem Teleskop ansehen, erkennen Sie leicht, wie rot er ist. Um einen Kontrast dazu zu sehen, richten Sie Ihr Teleskop nach unten auf Rigel, einen blauen Stern, der im nächsten Abschnitt beschrieben wird.

Das Sternbild des Orions betrachtet man am besten im Herbst und im Winter. Die meisten Menschen finden Orion mit Hilfe der drei hellen Sterne, die seinen Gürtel bilden.

Schwierigkeit: 1 Supernova.

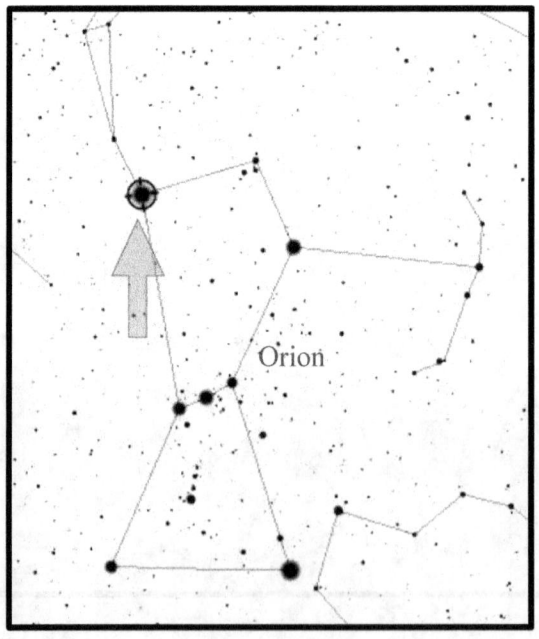

5. Rigel

Nicht einer, nicht zwei, nein drei Sterne bilden diesen Punkt am Fuß des Orions. Wenn der Himmel sehr dunkel ist, können Sie Stern A (den Blauen Überriesen) und Stern B (ein viel dunklerer Begleitstern) unterscheiden. Allerdings befindet sich Stern C sehr nah an Stern B und man kann die beiden mit einem kleinen Teleskop nicht auseinanderhalten.

Nun, wenn es dort drei Sterne gibt, muss es da auch viele Planeten geben, oder? Die Macher von Star Trek sind sich da recht sicher. Planeten wie Rigel X, Rigel II oder Rigel VII machen Rigel zu einem der beliebtesten Orte des Star Trek Universums!

Bisher wurden noch keine Planeten um Rigel entdeckt (Stand Mai 2013). Aber es werden jedes Jahr tausende neue Planeten entdeckt. Sie können eine aktuelle Datenbank dieser Entdeckungen hier finden (Seite auf Englisch):

http://exoplanets.org/

Vergleichen Sie beim Beobachten Rigels Farbe und Helligkeit mit denen von Beteigeuze.

Schwierigkeit: 1 Supernova.

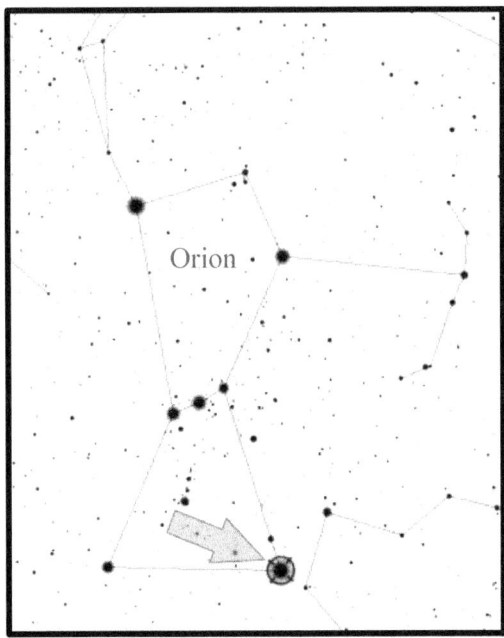

6. Der Orionnebel

Der Orionnebel wird oft auch die „Sternenfabrik" genannt. Wenn Sie diesen Nebel beobachten, können Sie eine riesige Gasausdehnung um eine Reihe von Sternen entdecken. Er wird „Sternenfabrik" genannt, weil diese Sterne aus dem Gas gebildet werden.

Der Orionnebel ist Teil des Orion-Molekülwolkenkomplexes, in dem sich auch der Pferdekopfnebel befindet. Auch wenn der Pferdekopfnebel zu dunkel ist, um mit einem kleinen Teleskop beobachtet zu werden, befindet sich dort der „Planet der Ood" des BBC Klassikers *Doctor Who*.

Der Orionnebel ist eines der Deep Sky Objekte (Objekte außerhalb unseres Sonnensystems), die man im Spätherbst, Winter und frühen Frühling finden kann. Um ihn zu finden, müssen Sie den Gürtel des Orion finden. Stellen Sie sich dann sein Schwert als die Linie aus Sternen vor, die vom Gürtel runter verläuft. Die Mitte des Schwerts ist der Orionnebel.

Schwierigkeit: 2 Supernovae. Den Orionnebel zu finden ist wie Radfahren. Sie vergessen nie, wie man es macht.

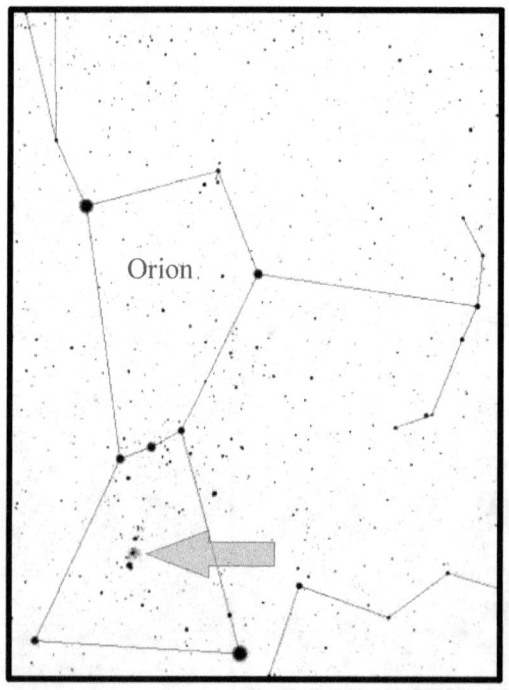

Orion

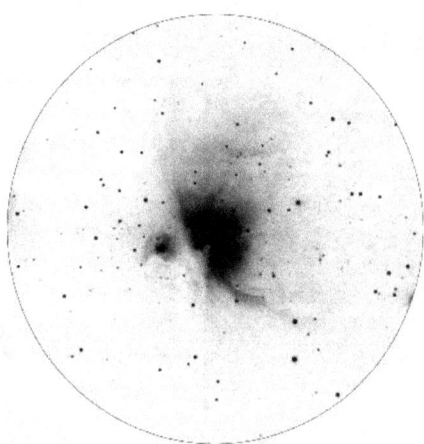

Der Orionnebel durch ein Teleskop

7. Sirius

Sirius ist der erste Halt der Harry Potter Tour (viele Namen von Sternen und Sternbildern werden in den Harry Potter Büchern erwähnt)! Dieser Stern ist doppelt so hell wie jeder andere Stern am Himmel und wird Ihre Nachtsicht für die nächsten dreißig Minuten ruinieren! Sirius ist so unglaublich hell, dass er in großen Höhen sogar am Tag sichtbar ist!

Der Spitzname des Sterns ist „Hundsstern", da er sehr auffällig im Sternbild Canis Major (Großer Hund) ist. Daher kommt auch der Ausdruck „Hundstage."

Sirius befindet sich links des Sternbilds Orion und kann im Winter und frühen Frühling deutlich am südlichen Himmel beobachtet werden.

Schwierigkeit: 1 Supernova.

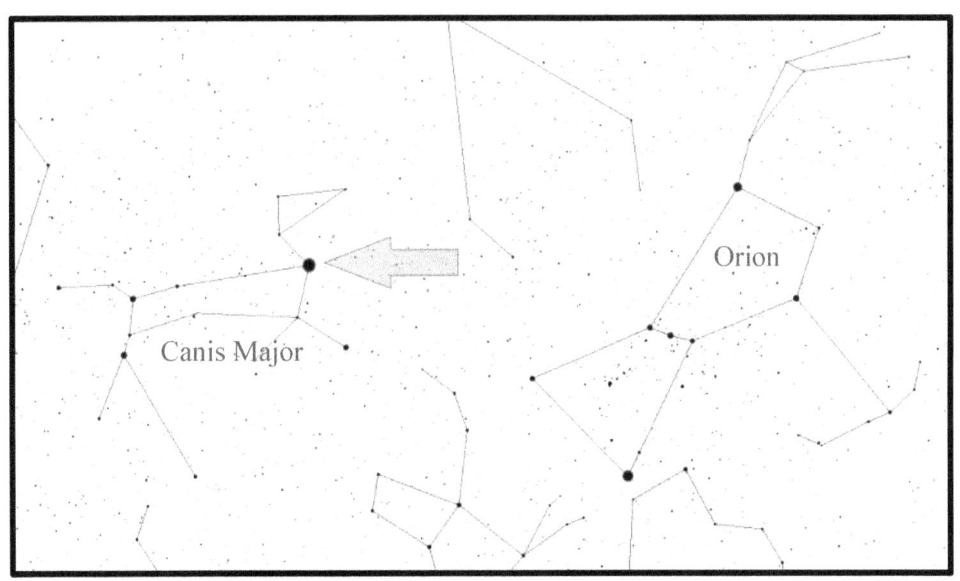

8. Der Mond

Sie können ihn nicht verfehlen! Selbst mit den kleinsten Teleskopen sollten Sie deutlich die Krater auf der Oberfläche sehen können.

Ich habe mal das Teleskop, das ich für $13,99 in der Apotheke gekauft hatte, benutzt, um die „Lcross" Mission der NASA zu film. Bei dieser Mission ließ die NASA eine Rakete auf den Mond abstürzen, um eine Wolke aus Mondstaub zu erzeugen, die dann auf Wasserspuren hin untersucht werden sollte. Der Absturz sollte einen Lichtblitz erzeugen, den man auch auf der Erde sehen konnte, aber ich habe nichts gesehen. Es wurde dann festgestellt, dass der Absturz nicht sichtbar war, weil die Rakete (die in einen südlichen Krater abstürzte) in Monderde stürzte, welche die Konsistenz von Schnee hatte!

Der Mond ist etwa den halben Monat am Abendhimmel zu sehen. Wenn Sie genau drüber nachdenken, ergibt das Sinn, denn wie wir alle wissen umkreist der Mond die Erde innerhalb von 27 Tagen. Es überrascht mich oft, wenn jemand denkt, dass man in mondlosen Nächten den Mond mit einem Teleskop sehen kann. Nur um es klarzumachen, wenn Sie den Mond ohne Teleskop nicht sehen können, dann können Sie ihn auch nicht mit Teleskop sehen.

Schwierigkeit: 1 Supernova.

Der Mond durch ein kleines Teleskop

9: Zwillinge - Castor, Pollux und Meteore

Das Sternbild Zwilling sieht man am besten im Winter und Frühling am westlichen Himmel nach Sonnenuntergang. Es sieht wie Zwillinge aus, die sich an der Hand halten. Die Köpfe der Zwillinge sind die Sterne Castor und Pollux

Den Stern Castor, der Kopf des rechten Zwillings, sieht man durch ein Teleskop als Doppelstern. Aber Castor besteht tatsächlich aus sechs Sternen, die durch Schwerkraft zusammengehalten werden. Aber diese sechs Sterne können nur durch ein starkes Teleskop oder Spektroskopie (Licht in verschiedene Wellenlängen brechen) unterschieden werden.

Der Stern Pollux, der Kopf des linken Zwillings, war ein „Hauptreihenstern" wie unsere Sonne. Aber er hat all seinen Wasserstoff aufgebraucht und wurde zu einem Riesenstern mit viel größerem Radius als unsere Sonne. Daher hat er seine orange Farbe. Pollux ist zudem der hellste sichtbare Stern, den ein Planet umkreist (was sich aber ändern kann, da ständig neue Planeten entdeckt werden).

Mitte Dezember sind die Geminiden einer der produktivsten Meteorschauer des Jahres.

Schwierigkeit: 2 Supernovae.

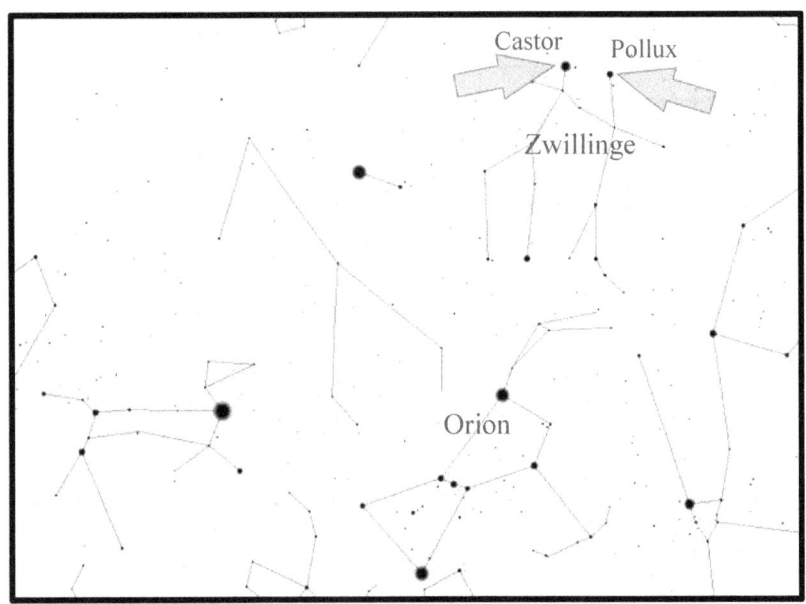

10. Mars

Ja, durch Ihr Teleskop sieht es vielleicht nur wie eine rote Scheibe aus, aber hey, es ist der Mars! Schauen Sie und fokussieren Sie und vielleicht sehen Sie die polaren Eiskappen und die verschiedenen Farben der Erde des Mars.

Es ist cool, wenn einem klar wird, dass Männer und Frauen hier auf der Erde (in NASAs Jet Propulsion Labor in Los Angeles County) aus der Ferne Fahrzeuge der Größe kleiner SUVs und Golfwagen auf der Oberfläche des Mars lenken.

Da Mars ein Planet ist, findet man ihn auf der Ekliptik. Wie bei allen Planeten sollten Sie Software wie Star Walk oder Stellarium für die Bestimmung der genauen Lage verwenden. Wenn Sie wissen, dass Mars sichtbar ist, suchen Sie auf der Ekliptik nach einem tiefroten Stern.

*Was ist die Ekliptik? Da alle Planeten auf ungefähr der gleichen orbitalen Ebene um die Sonne kreisen, erscheinen sie in einem bestimmten Bereich des Nachthimmels, wie ein Flugzeug, das immer dieselbe Route fliegt. Dieser Weg wird Ekliptik genannt und verläuft grob vom östlichen Horizont zum westlichen Horizont. Dieser Bahn folgt die Sonne am Tag.

Schwierigkeit: 2 Supernovae.

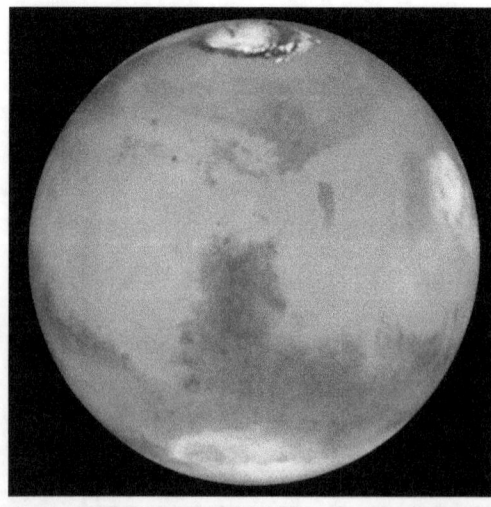

Mars abgebildet von Hubble

Mars durch ein Teleskop

11. Jupiter

Wenn Sie beeindruckt werden wollen, schauen Sie sich Jupiter und seine vier größten Monde an: Europa, Io, Ganymed und Callisto! Die Hälfte des Jahres ist Jupiter eines der ersten Objekte, die nach Einbruch der Dunkelheit am Nachthimmel erscheinen. Daher ist er ein tolles Ziel, um Ihr Teleskop zu fokussieren und Ihr Suchfernrohr früh am Abend anzupassen.

Jupiter ist ein riesiger Planet, mehr als zweieinhalbmal die Masse aller anderen Planeten des Sonnensystems zusammen. Mit einem gut fokussierten kleinen Teleskop können Sie nicht nur die vier Monde sehen, die Galileo 1610 entdeckt hat, Sie sehen vielleicht auch die zwei ausgeprägtesten Wolkenringe auf dem Planeten selbst.

Um Jupiter zu finden, müssen Sie nach einem der hellsten Objekte des Himmels auf der Ekliptik schauen (den Weg der Planeten durch den Himmel von Ost nach West) oder eine Software wie Star Walk, Stellarium oder ähnliches benutzen. Verwenden Sie ein mittelstarkes Okular für die beste Sicht.

Wie Sie an den Fotos der Kinder unten sehen können, ist Jupiter auch ein tolles Objekt, um Astrofotographie zu üben!

Schwierigkeit: 2 Supernovae

Jupiter fotografiert von Kindern zwischen 3 und 12 Jahren

25

12. Europa

Die Monde des Jupiter brauchen ihren eigenen Abschnitt, da sie so interessant sind.

Europa ist der kleinste der Monde, die von Galileo entdeckt wurden, aber ich denke, er ist am interessantesten. Der Grund ist, dass Europa Wasser hat, viel Wasser. Nach letzten Schätzungen befindet sich unter der eisigen Oberfläche ein flüssiger Ozean von 97 Kilometern Tiefe. Laut dieser Schätzung hat Europa zweimal so viel flüssiges Wasser wie die Erde!

Die Monde des Jupiters wechseln jede Nacht ihre Position. Meistens ist es mit einem kleinen Teleskop schwer, die Monde auseinanderzuhalten. Am besten bestimmen Sie die Lage Europas, wenn Sie eine Software benutzen. Leider zeigt Star Walk die Position der Jupitermonde nicht an. Daher müssen Sie eine andere App wie *Star-Rover* oder Stellarium verwenden.

Schwierigkeit: 3 Supernovae.

Jupiter und seine Monde - (die Mondausrichtung ändert sich jede Nacht)

Europa abgebildet von der Galileo Sonde

13. Io

Haben Sie das Buch *Illium* von Dan Simmons gelesen? Nun, Sie sollten, es, denn der Hauptchakater (ein Bergbauroboter) stammt von diesem Mond.

Von den Jupitermonden, die Galilei entdeckt hat, verläuft Ios Bahn am nächsten zu Jupiter. Io ist zudem der geologisch aktivste Himmelskörper des Sonnensystems mit über 400 aktiven Vulkanen!

Schwierigkeit: 3 Supernovae.

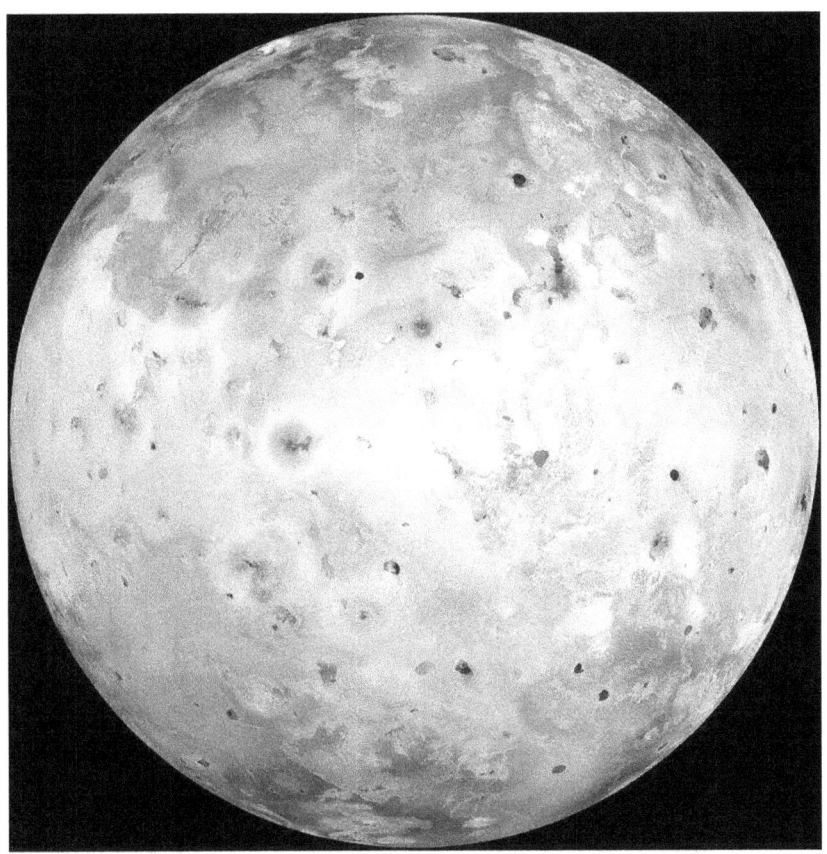

Io dargestellt von der Galileo Sonde

14. Callisto

Packen Sie Ihre Sachen, denn Callisto könnte Ihr neues Zuhause sein! Dieser Mond hat die geringsten Strahlungswerte von Jupiters großen Monden und wäre ein vielversprechender Ort für menschliche Besiedlung! Nun, wenn Sie Tage mögen, die 400 Stunden lang sind. Wenn Sie Callisto jemals besuchen, sollten Sie nicht die ganze Nacht durchmachen!

Wenn Sie zu Jupiter schauen, ist Callisto normalerweise der Mond, der am weitesten vom Planeten entfernt ist. Er ist so weit weg, dass man ihn leicht mit einem Hintergrundstern verwechseln kann.

Schwierigkeit: 3 Supernovae.

Callisto abgebildet von der Galileo Sonde

15. Ganymed

Bekannt wurde dieser Mond durch die Fernsehserie „Power Rangers" von 1993, da sich dort die Zord Flotte der Mega Vehicles versteckte. Wie wollen Sie diese Jeopardy-Frage haben, hm?

Noch interessanter ist, dass Ganymed der größte Mond des Sonnensystems ist. Er hat mehr als zweimal die Masse des Monds der Erde!

Um Ganymed zu finden, müssen Sie ganz genau schauen, um zu erkennen, welcher von Jupiters Monden der größte und hellste ist. Aber um sicherzugehen, sollten Sie Ihre Astronomie-Software zu Rate ziehen.

Schwierigkeit: 3 Supernovae.

Ganymede abgebildet von der Galileo Sonde

16. Saturn

Ein Blick auf Saturn und Sie möchten Ihr Auto gegen ein Teleskop gleichen Werts tauschen. Oder nicht. Er ist auf jeden Fall sehenswert.

Tatsächlich ist Saturn so toll, dass der tollste Tag der Woche nach ihm benannt ist. Genau, Samstag oder wie Sie ihn von jetzt an nennen sollten Saturn-ist-toll-Tag.

Wie bei allen anderen Planeten sollten Sie erst Stellarium oder eine andere App zu Rate ziehen, um sicherzugehen, dass er am Nachthimmel zu sehen ist. Er wird auf der Ekliptik und gelb sein.

Schwierigkeit: 2 Supernovae (3 Supernovae, wenn Sie mit Ihrem Handy die Ringe fotografieren können).

Saturn abgebildet von der Cassini Sonde

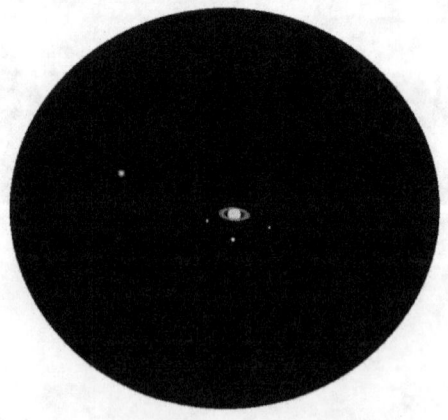

Saturn durch ein Teleskop

17. Titan

Titan ist der größte Mond des Saturn. Es gibt keinen besseren Ort, um aus dem Warpantrieb zu kommen, um die Entdeckung durch ein romulanisches Minenschiff zu entgehen, wie es im tollen Film *Star Trek 11* zu sehen war.

Am interessantesten an Titan ist, dass die Schwerkraft niedrig genug und die Atmosphäre dicht genug ist, dass Sie mit kleinen Flügeln an den Armen wie ein Vogel fliegen könnten!

Die NASA hat zudem ein kleines Raumfahrzeug auf der Oberfläche des Titans gelandet. Am 14. Januar 2005 durchdrang eine kleine Sonde namens *Huygens* Titans dicke Atmosphäre und segelte per Fallschirm auf die Oberfläche. Dabei hat sie Fotos gemacht, auch von der Oberfläche (siehe rechts).

Aktuell (2013) ist Saturn ein Frühlings- und Sommerplanet. Wenn Sie dieses Buch in ferner Zukunft verwenden, benutzen Sie Ihre Astronomie-Software, um seine genaue Lage zu bestimmen.

Um Titan zu finden, müssen Sie erst Saturn finden. Titan kreist direkt neben dem Planeten

Schwierigkeit: 3 Supernovae.

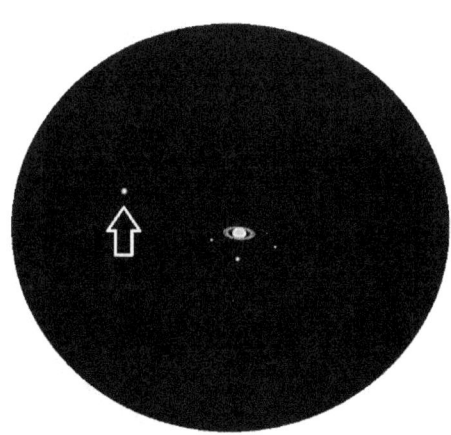

Saturn und Titan durch ein Teleskop

31

18. Mondfinsternis

Mondfinsternisse, die oft als Blutmond bezeichnet werden, sind nicht so selten, wie Sie vielleicht denken. Im Gegensatz zu Sonnenfinsternissen, die nur von bestimmten Orten aus sichtbar sind, können Mondfinsternisse bei wolkenlosem Himmel von fast überall auf der Nachtseite der Erde aus gesehen werden.

Eine Mondfinsternis entsteht, wenn der Mond in den Schatten der Sonne tritt. Sonnenlicht fließt durch die Atmosphäre der Erde, was den Mond rötlich erscheinen lässt.

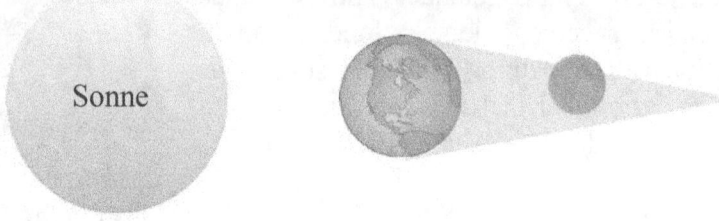

Es gibt drei Grundarten von Mondfinsternissen. Am spannendsten ist eine totale Mondfinsternis, bei der der Mond komplett im Schatten der Erde liegt. Dann gibt es die partielle Mondfinsternis. Dabei ist der Mond nur teilweise verdeckt. Schließlich gibt es noch die Halbschattenfinsternis, bei der Licht, das durch die Atmosphäre der Erde gelangt, einen Teil des Mondes erhellt, es aber keinen deutlichen Schatten gibt. Allerdings sind Halbschattenfinsternisse oft schwer von einem normalen Vollmond zu unterscheiden.

Auf der nächsten Seite ist eine Tabelle mit den totalen und partiellen Mondfinsternissen bis 2030.

Schwierigkeit: 2 Supernovae.

Mondfinsternis, Foto des Autors

18.5. Tabelle der Mondfinsternisse

Kalenderdatum	Finsternis-Typ	Größte Verdunkelung (UT ~ UTC)	Finsternis-Dauer	Geografische Region der Sichtbarkeit
7. August 2017	Partielle	18:21:38	01h55m	Europa, Afrika, Asien, Australien
31. Januar 2018	Totale	13:31:00	03h23m	Asien, Australien, Pazifik, westliches Nordamerika
27. Juli 2018	Totale	20:22:54	03h55m	Südamerika, Europa, Afrika, Asien, Australien.
21. Januar 2019	Totale	5:13:27	03h17m	Zentralpazifik, Amerika, Europa, Afrika
16. Juli 2019	Partielle	21:31:55	02h58m	Südamerika, Europa, Afrika, Asien, Australien
26. Mai 2021	Totale	11:19:53	03h07m	Ostasien, Australien, Pazifik, Amerika
19. November 2021	Partielle	9:04:06	03h28m	Amerika, Nordeuropa, Ostasien, Australien, Pazifik
16. Mai 2022	Totale	4:12:42	03h27m	Amerika, Europa, Afrika
8. November 2022	Totale	11:00:22	03h40m	Asien, Australien, Pazifik, Amerika
28. Oktober 2023	Partielle	20:15:18	01h17m	Östliches Nord- und Südamerika, Europa, Afrika, Asien, Australien
18. September 2024	Partielle	2:45:25	01h03m	Amerika, Europa, Afrika
14. März 2025	Totale	6:59:56	03h38m	Pazifik, Amerika, Westeuropa, Westafrika
7. September 2025	Totale	18:12:58	03h29m	Europa, Afrika, Asien, Australien
3. März 2026	Totale	11:34:52	03h27m	Ostasien, Australien, Pazifik, Amerika
28. August 2026	Partielle	4:14:04	03h18m	Ostpazifik, Amerika, Europa, Afrika
12. Januar 2028	Partielle	4:14:13	00h56m	Amerika, Europa, Afrika
6. Juli 2028	Partielle	18:20:57	02h21m	Europa, Afrika, Asien, Australien
31. Dezember 2028	Totale	16:53:15	03h29m	Europa, Afrika, Asien, Australien, Pazifik
26. Januar 2029	Totale	3:23:22	03h40m	Amerika, Europa, Afrika, Naher Osten
20. Dezember 2029	Totale	22:43:12	03h33m	Amerika, Europa, Afrika, Asien
15. Juni 2030	Partielle	18:34:34	02h24m	Europa, Afrika, Asien, Australien

Eclipse-Vorhersagen von Fred Espenak, GSFC NASA

19. Sonnenflecken

Sonnenflecken sind Wirbel oder Stürme mit magnetischer Aktivität in der Nähe der Sonnenoberfläche, die in einem bestimmten Bereich für eine niedrigere Temperatur sorgen.

Was ist so toll an Sonnenflecken? Nun, zuerst einmal sind sie so groß wie die Erde! Dann treten sie paarweise auf (einer für jeden magnetischen Pol der Störung). Drittens ändern sie jeden Tag ihre Lage. Viertens habe ich ein Foto eines Sonnenflecks gemacht, der wie Hawaii aussah.

Um Sonnenflecken zu sehen, müssen Sie einen kommerziellen Sonnenfilter über dem Teleskop oder dem Fernglas verwenden und auf die Sonne fokussieren. So sollten Sie ein oder zwei Sonnenflecken sehen.

Schwierigkeit: 2 Supernovae.

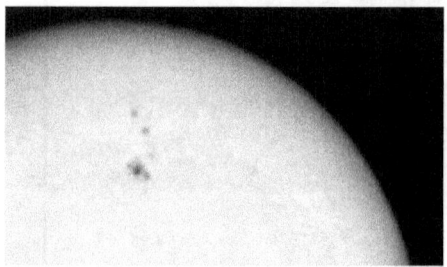

Sonnenflecken, die wie die Hawaii aussehen

Sonnenfotografie mit einem Fernglas mit Filter und einem iPhone

20. Sonnenfinsternis

Eine Sonnenfinsternis entsteht, wenn der Mond vor der Sonne vorbeizieht. Aufgrund der Ellipsenbahn des Mondes entsteht sie manchmal, wenn der Mond näher an der Erde ist, und manchmal, wenn er weiter weg ist. Daher gibt es zwei Arten von Sonnenfinsternissen. Es gibt die ringförmige Sonnenfinsternis, bei der der Mond weiter weg ist und die Sonne nicht komplett abdecken kann. Wenn der Mond näher an der Sonne ist, verdeckt er die ganze Sonne und wir sehen eine totale Sonnenfinsternis.

Ich muss zugeben, dass ich noch nie eine totale Sonnenfinsternis gesehen habe. Aber ich habe gehört, dass es ein tolles Erlebnis ist, eine zu sehen. Die Luft wird kühler, Tiere verhalten sich ungewöhnlich und es wird merklich dunkler.

Ich habe nur eine ringförmige Sonnenfinsternis gesehen, wobei das Foto unten entstand (mit meinem iPhone, einem Fernglas und einem Sonnenfilter).

Die Stunde vor und nach der Totalität (Totalität ist, wenn der Mond die Sonne komplett verdeckt, das kann zwischen dreißig Sekunden und sechs Minuten dauern) können Sie die Sonne durch Ihr Teleskop beobachten, wenn Sie einen kommerziellen Sonnenfilter verwenden.

Im Anhang dieses Buches finden Sie Karten und Zeitpläne für Sonnenfinsternisse bis 2025.

Schwierigkeit: 2 Supernovae.

Ringförmige Sonnenfinsternis – 20. Mai 2012

21. Die Plejaden

Sie können diesen Abschnitt überspringen, wenn Sie einen Subaru fahren, da Sie diesen Sternhaufen jedes Mal sehen, wenn Sie auf Ihr Lenkrad schauen. Wenn Sie keinen Subaru fahren, können Sie die Plejaden rechts neben Orion sehen (Ihr rechts, von Orion aus gesehen links).

Manche Menschen denken, dies ist das Sternbild Kleiner Wagen. Das ist es nicht. Der tatsächliche Kleine Wagen ist recht dunkel, aber weitaus größer als die Plejaden. Er liegt am nördlichen Himmel.

Um die Plejaden zu finden, müssen sie nach oben und dann rechts von Orion schauen. Aufgrund der Lichtverschmutzung sind mit dem bloßen Auge nur 6 der 7 hellsten Sterne der Plejaden sichtbar. Aber wenn Sie durch Ihr Teleskop schauen, sehen Sie Dutzende Sterne!

Schwierigkeit: 1 Supernova.

Die Plejaden durch ein Teleskop

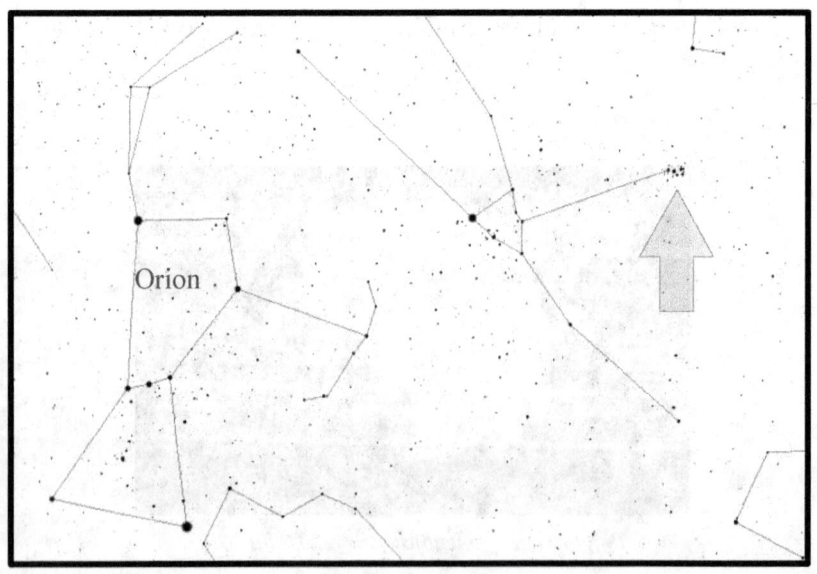

22. Der Herkuleshaufen

Dieser Kugelsternhaufen ist eines der wenigen Objekte dieses Buchs, die sich außerhalb der galaktischen Ebene befinden! Es ist keine Überraschung, dass die gestohlene Erde in Dan Simmons Klassiker *Hyperion* (1989) hier versteckt wurde.

Er ist auch eines der hellsten Deep Sky Objekte. Und es überrascht nicht, dass er leicht zu finden ist, denn der Kerl ist riesig! Es gibt hier mehrere hunderttausend Sterne und je länger Sie schauen, desto mehr erscheinen. Wenn Ihr Teleskop sehr klein ist, sehen Sie ihn als graue Kugel (daher Kugel in der Bezeichnung).

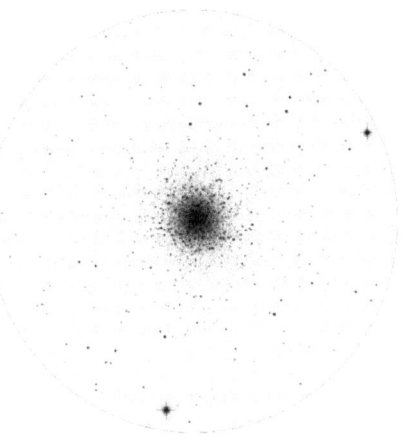

Wie findet man ihn? Wählen Sie eine Ecke des Quadrats im Sternbild Herkules aus und schwenken Sie um das Quadrat herum, bis Sie ihn finden.

Der Herkulessternhaufen durch ein Teleskop

Schwierigkeit: 3 Supernovae.

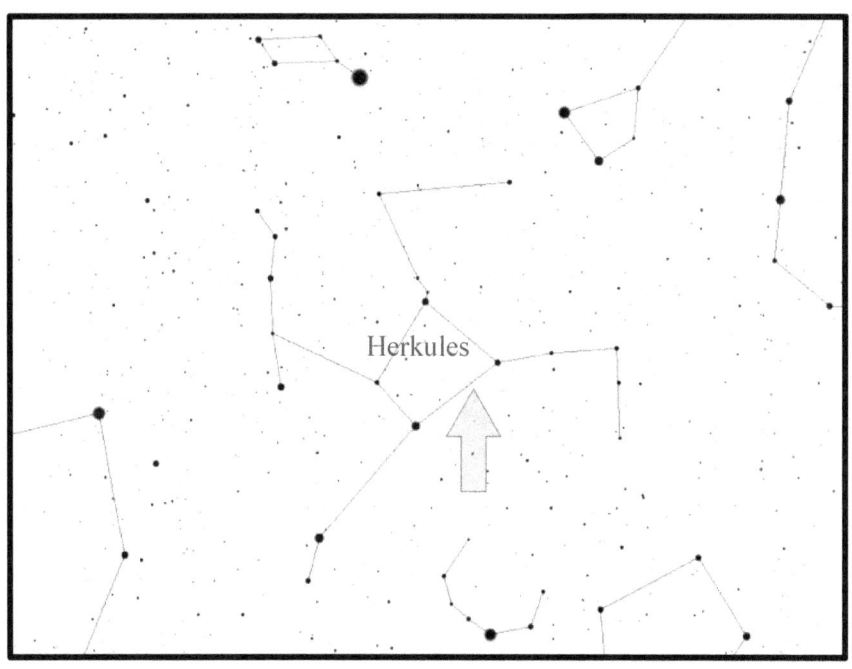

23. Die Milchstraße!

Wenn Sie Amateur-Astronom sind (wenn Sie ein Teleskop haben, sind Sie das) und die Milchstraße nicht finden können, dann brauchen Sie einen dunkleren Himmel! Tatsächlich sind alle Sterne, die Sie am Nachthimmel sehen, Teile der Milchstraße. Wenn jemand normalerweise sagt, dass er die Milchstraße sehen kann, bezieht er sich auf die *Ebene* der Milchstraße. Sie sehen die Ebene deutlich im Foto unten.

Wenn Sie in einer Gegend mit Lichtverschmutzung leben, können Sie den weißen Schleier, der die Ebene der Milchstraße bildet, wahrscheinlich nicht sehen. Tatsächlich kann man von einer großen Stadt aus maximal ein Dutzend Sterne sehen. Auf dem Land könnten Sie, wenn Sie das wollten, in einer mondlosen Nacht bis zu 6000 Sterne zählen. Die Milchstraße hat zwischen 300 Milliarden und 400 Milliarden Sterne! Daher erscheint sie in wirklich dunklen Nächten als weißer Schleier.

Wenn Sie irgendwelche Sterne sehen können, schauen Sie auf die Milchstraße. Aber wenn Sie mit Ihrem Teleskop auf die galaktische Ebene schauen, erscheinen die Sterne viel dichter.

Sie können die Ebene der Milchstraße erkunden, indem Sie an einem Horizont anfangen und sich dann zum nächsten vorarbeiten. Sie können nie wissen, was Sie finden werden.

Schwierigkeit: 1 Supernova.

Die Milchstraße von Hawaii aus. Foto des Autors.

24. Andromedagalaxie

Vor dem 20. Jahrhundert glaubte man, dass die Milchstraße die einzige Galaxie des Universums sei! Astronomen nannten Objekte, die sich anscheinend außerhalb der Galaxie befanden „Inseluniversen", aber wussten nicht genau, was sie waren. Erst als Edwin Hubble die Entfernung zur Andromedagalaxie genau berechnete, wurde diese Debatte beendet. Vorher glaubten viele Astronomen, dass die Andromedagalaxie ein Nebel sei und nannten sie Andromedanebel.

Das Tolle an der Andromedagalaxie ist, dass sie sechsmal so breit wie der Vollmond ist! Aber das ganze Ausmaß dieser Galaxie sieht man nur mit Langzeitbelichtung. Wenn Sie die Andromedagalaxie in Ihrem Teleskop sehen, Sehen Sie nur den hellen galaktischen Kern, der wie ein schöner grauer Fleck erscheint.

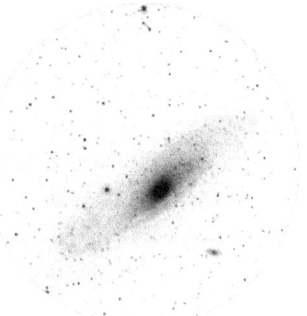

Um die Andromedagalaxie zu finden, brauchen Sie das Sternbild Cassiopeia (das Himmels-W). Beachten Sie den Abstand zweier Sterne, die das W bilden, und zählen Sie diese Länge dreimal ab, wie unten gezeigt.

Andromedagalaxie durch ein Teleskop

Schwierigkeit: 3 Supernovae. Auch wenn man die Andromedagalaxie mit dem bloßen Auge sehen kann, finde ich es recht schwer, sie zu finden. Der Grund ist, dass wir meist an Orten mit viel Lichtverschmutzung leben.

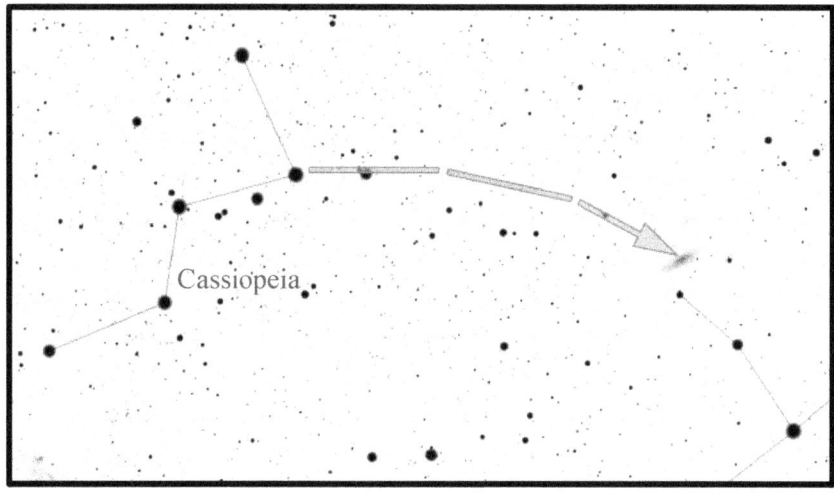

25. Kometen

Wie finden Sie am besten raus, ob Sie einen Kometen sehen können? Lesen Sie die Zeitung. Sich nähernde Kometen werden meist in den Medien erwähnt. Allerdings wird da meist mit der Helligkeit (oder zerstörerisch nahen Begegnungen mit der Erde) übertrieben. Trotz des Rummels können nur wenige von Hobby-Astronomen gesehen werden.

Kometen sind keine Sternschnuppen. Sie sind stadtgroße Eisbälle, die sich mit hunderttausenden km/h fortbewegen. Kommen sie an der Sonne vorbei, entsteht ein sichtbarer, Millionen Kilometer langer Schweif aus Partikeln.

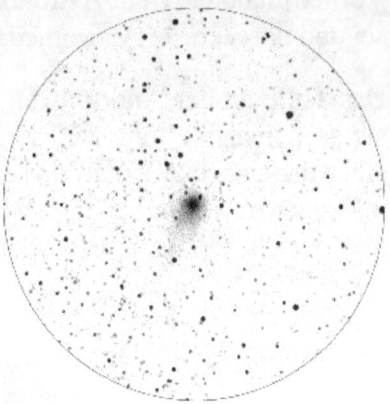

Normalerweise beobachten wir Kometen aus hunderten Millionen Kilometern Entfernung. Daher sind sie trotz ihrer hohen Geschwindigkeit oft bis zu einen Monat sichtbar. So hat ein Amateur-Astronom genug Zeit zum Beobachten.

Ein Komet durch ein Teleskop

Wie man einen Kometen beobachtet: Astronomie-Seiten und die Medien schreiben darüber, wenn ein Komet am Nachthimmel zu sehen ist. Die meisten dieser Quellen beschreiben, wo man suchen muss. Wenn der Komet dunkel ist, suchen Sie den Himmel laut Karte mit dem Fernglas ab. Wenn Sie ihn gefunden haben, schauen Sie ihn mit dem Teleskop an.

Schwierigkeit: 2-5 Supernovae je nach Komet, 2, wenn er mit dem bloßen Auge sichtbar ist, und 5, wenn Sie einen neuen entdecken und benennen!

Ein Komet mit dem bloßen Auge betrachtet

26. Draco (Drache)

Draco, ja, das ist ein weiterer Halt bei der Harry Potter Astronomie-Tour. Aber da alle Sterne des Sternbilds Draco recht dunkel sind, ist das nicht der Grund, warum es auf der Liste ist.

Wenn Sie Latein können, wissen Sie, dass Draco Drache bedeutet. Wenn Sie das Sternbild anschauen, erkennen Sie den Drachenkopf. Nun, jeden Oktober spukt dieser Drache Feuer! Die Meteore, die aus dem Kopf des Drachen zu kommen scheinen, werden Draconiden genannt.

Wenn Sie ein tolles Foto machen wollen, stellen Sie Ihre Kamera auf ein Stativ und machen Sie die ganze Nacht Fotoreihen mit 30-Sekunden-Belichtung. Wenn Sie keine Kamera mit manueller Belichtungseinstellung haben, verwenden Sie die Feuerwerkseinstellung. Sie machen vielleicht ein Foto dieses feuerspeienden Drachen, das in die Nachrichten gehört.

Schwierigkeit: 1 Supernova für das Finden des Sternbilds, 4 Supernovae für das Fotografieren eines Meteors.

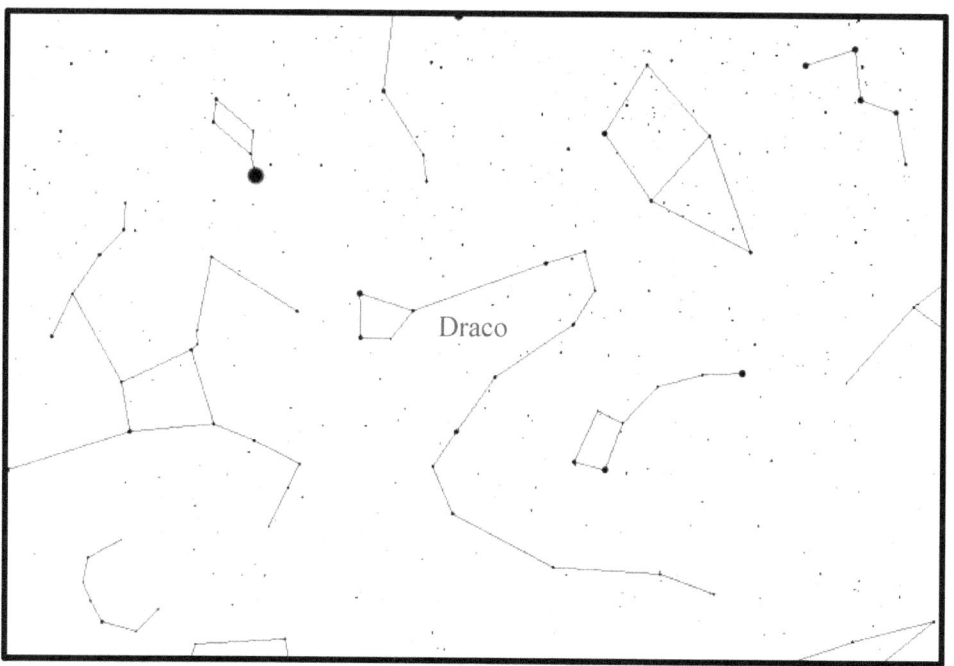

27 Helikopter und Düsenflugzeuge

Leben Sie in einer Gegend mit hoher Kriminalität? Ich ganz sicher. Wenn die Polizei das nächste Mal nach dem Täter sucht, unterscheiden Sie mit Ihrem Teleskop den Polizeihelikopter vom Nachrichtenhelikopter.

Sie denken vielleicht, dass das ein komisches Thema in einem Astronomiebuch ist. Aber einige der besten Astrofotografen der Welt wie Thierry Legault benutzen Luftfahrzeuge als Übung, um sich schnell bewegende Objekte im All wie die Internationale Raumstation zu entdecken. Hier können Sie Thierrys tolle Arbeit bewundern: http://legault.perso.sfr.fr/

Um mit dem Teleskop ein Flugzeug zu sehen, müssen Sie die geringste Vergrößerung benutzen. Dafür müssen Sie das größte Okular verwenden. Benutzen Sie das Suchfernrohr, um das Flugzeug zu erfassen und bewegen Sie Ihr Teleskop, um ihm zu folgen. Verfolgen Sie es weiter, während sie vom Suchfernrohr zum Okular wechseln.

Ein Luftfahrzeug zu finden ist leichter oder schwerer, je nachdem welche Montierung Sie verwenden. Eine Dobson-, Bowlingball- oder Kameramontierung ist optimal. Eine äquatoriale Montierung ist schwierig, da sie die Bewegungsfreiheit einschränkt.

Düsenflugzeuge zu jagen ist eine tolle Idee für eine Kinder-Sternenparty, ehe es dunkel wird. Achten Sie nur darauf, dass die Sonne untergegangen ist, damit das Teleskop nicht auf die Sonne gerichtet wird. Wenn ich mit Schülern arbeite, spielen wir manchmal und raten, zu welcher Fluglinie das Flugzeug gehört, ehe wir mit dem Teleskop nachsehen.

Schwierigkeit: 2 Supernovae.

Space Shuttle Endeavour und Carrier Aircraft. Foto des Autors.

28. Die Internationale Raumstation

Die Internationale Rumstation oder "ISS", wie Sie in Raumfahrtkreisen genannt wird, kann von fast jedem Ort auf der Erde aus mindestens in paar Mal die Woche gesehen werden. Sie ist entweder am Morgen vor Sonnenaufgang oder am Abend kurz nach Sonnenuntergang sichtbar.

Die Raumstation mit dem Teleskop zu sehen kann schwer sein, vor allem wenn Sie eine äquatoriale Montierung haben, aber mit einem Dobson- oder Tischdesign kann sie ein relativ leichtes Ziel sein. Verwenden Sie die NASA- App für Ihr Smartphone oder eine andere kostenlose Tracking App für die ISS (wie einen ISS-Spotter für das iPad), um herauszufinden, wann die Internationale Raumstation das nächste Mal vorbeifliegt.

Um die ISS mit dem Teleskop zu sehen, verwenden Sie ein Okular mit mittlerer Vergrößerung. Suchen Sie die Station erst mit dem Suchfernrohr und wechseln Sie dann zum Okular. Wenn Sie Glück haben, erkennen Sie die Solarkollektoren.

Wie kann man solche Details sehen? Nun, die ISS befindet sich nur ein paar hundert Kilometer über der Erde und ist so groß wie ein Fußballfeld. Daher kann die Station an der nächsten Stelle dreimal größer als Saturn erscheinen!

Die ISS. Foto des Autors

Anmerkung: Es ist leichter, die ISS mit zwei Personen im Teleskop zu erfassen. Eine Person sucht die Station mit dem Suchfernrohr, die andere beobachtet die Station durch das Okular.

Schwierigkeit: 4 Supernovae.

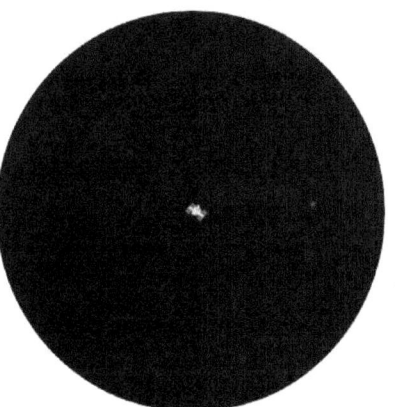

Die ISS durch ein Teleskop

(Achtung: die ISS ist SEHR schnell)

29. Altair und das Sommerdreieck

Das Sommerdreieck (oder wie meine Frau es nennt „Das große Pizzastück") ist ein interessanter Teil des Himmels, da es unsere galaktische Ebene überspannt. Daher ist es voller Objekte, die Sie entdecken können, wenn Sie tiefer in die Astronomie eintauchen und größere Teleskope verwenden.

Das Sommerdreieck ist zudem eine weitere Möglichkeit, weitere Objekte am Himmel zu finden. Das Sommerdreieck wird von drei Sternen gebildet: Wega, Deneb und Altair.

Altair ist wahrscheinlich der Stern, der am häufigsten in Romanen und Filmen verwendet wird. Ein Grund ist seine Nähe zur Erde. Mit 16,7 Lichtjahren Entfernung ist er einer der nächsten hellen Sterne. In *Per Anhalter durch die Galaxis* werden Altair-Dollar als Währung benutzt. Altair wird auch in mehreren Star Trek Episoden und in *Star Trek: Der Zorn des Khan* erwähnt. Er wird auch in mehreren Episoden von *Doctor Who* erwähnt.

Leider wurden bisher noch keine Planeten um Altair entdeckt. Aber das könnte sich mit dem Start des Raumfahrzeugs namens TESS (Transiting Exoplanet Survey Satellite), das 2017 starten wird, ändern. TESS wird laufend etwa zwei Millionen der nächsten Sterne auf der Suche nach erdähnlichen Planeten scannen.

Schwierigkeit: 1 Supernova.

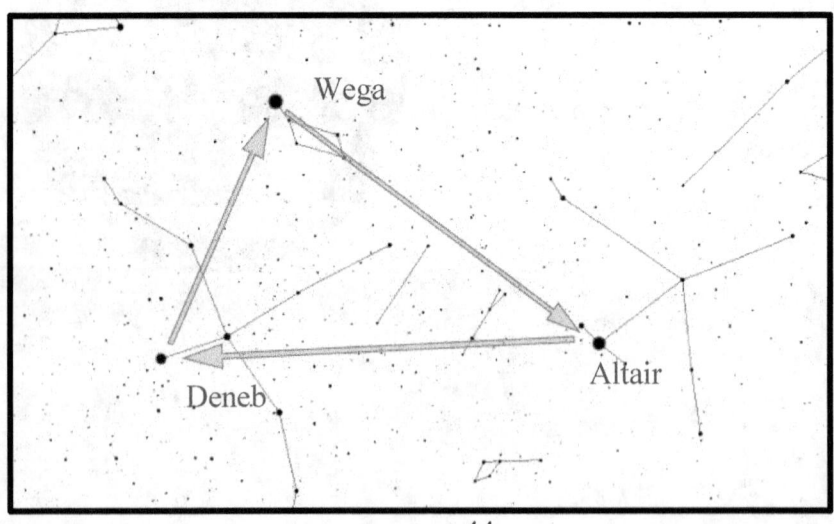

30. Städte und Landschaften

Das Teleskop auf Objekte am Boden zu richten ist eine tolle Möglichkeit, sich mit den Fähigkeiten Ihres Teleskops vertraut zu machen. Einmal, als ich ehrenamtlich bei einer Veranstaltung auf dem Mount Diablo in Kalifornien geholfen habe, haben wir das Teleskop auf San Francisco gerichtet. Anscheinend hatten die Giants gerade ihr Spiel gewonnen und über dem Stadion gab es ein Feuerwerk! Ohne das Teleskop konnte man es nicht sehen, also haben sich alle Kinder, die an diesem Abend da waren, um das Teleskop versammelt, und abwechselnd das Feuerwerk betrachtet!

Die Herausforderung bei Objekten am Boden ist, dass die meisten Teleskope das Bild auf den Kopf drehen. Daher benutzen manche Teleskope eine Umkehrlinse, um Gegenstände richtig rum zu drehen.

Landschaften sind tolle Ziele für ein Teleskop, wenn Sie zelten sind oder Ihr Teleskop vor Sonnenuntergang aufgestellt haben. Warum, glauben Sie, haben so viele Touristenziele feste Teleskope oder Ferngläser an jedem Aussichtspunkt?

Wenn Sie im Yosemite Park sind, gehen Sie zum Felsvorsprung El Capitan! Wenn Sie am Lava Beds National Monument zelten, schauen Sie sich die Kilometer an vulkanischem Gestein an. Zelten am Strand? Beobachten Sie mit Ihrem Teleskop die Schiffe auf dem Meer.

Vielleicht sehen Sie sogar einen Wal!

Schwierigkeit: 1 Supernova.

Golden Gate Bridge vom Mount Diablo aus. Foto des Autors.

31. Vögel

Ich selber kenne nicht so viele Vogelarten, aber manche Personen kaufen ihr Teleskop mit dem Plan, damit Vögel zu beobachten. Einige kleine Teleskope, wie das Meade ETX 60, haben einen extra Kameraschlitz nur für diesen Zweck.

Eines der tollen Dinge daran, Vögel mit einem Teleskop zu beobachten, ist die Schärfentiefe. Schärfentiefe ist ein Begriff, der in der Fotografie verwendet wird, um zu beschreiben, zu welchem Grad sich ein Gegenstand im Fokus befindet. Wenn Sie mit einem Teleskop einen Vogel in einem Baum beobachten, wird nur der Vogel im Fokus sein. Der Grund ist, dass das Teleskop ganz natürlich eine „oberflächliche" Schärfentiefe erzeugt.

Teleskope eignen sich gut, um Vögel zu beobachten, die weiter weg sind. Ansonsten wäre ein Fernglas besser. Laut einer schnellen Internetrecherche sind die Vögel, die man am besten durch ein Teleskop beobachtet, Wildgeflügel auf offenem Gelände oder Meeresvögel.

Schwierigkeit: 2 Supernovae, wenn es viele Vögel gibt. 4 Supernovae, wenn es nur wenige Vögel gibt.

Vogel in Berkeley. Foto des Autors.

Der Hantelnebel wurde im Jahr 1764 vom französischen Astronomen Charles Messier entdeckt und war er erste jemals entdeckte planetarische Nebel. Er hat zudem die größte scheinbare Größe aller Objekte in diesem Buch. Unten sehen Sie seine scheinbare Größe verglichen mit dem Mond.

Der Nebel befindet sich im Sommerdreieck zwischen den Sternbildern Fuchs und Pfeil.

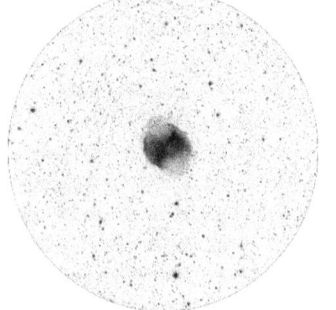

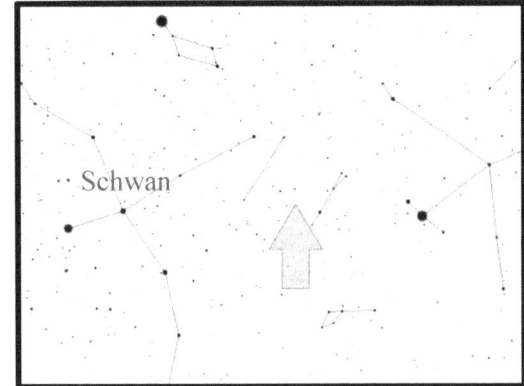

Der Hantelnebel durch ein Teleskop

Interessanterweise bekam der Hantelnebel seinen Namen erst 1833, als der Astonom John Herschel Folgendes schrieb:

„Ein Nebel geformt wie eine Hantel, wobei der Elipsen-Umriss durch ein schwaches, nebeliges Licht ergänzt wird." Schwierigkeit: 3 Supernovae.

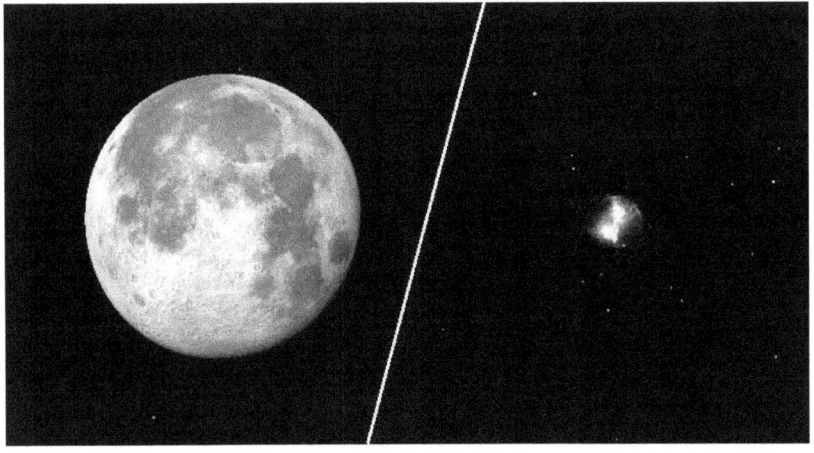

Der Mond und M27 mit der gleichen Vergrößerung

33. Albireo

Albireo ist definitiv ein Liebling bei Stern-Partys. Der Grund ist, dass man einen deutlichen Unterschied zwischen zwei Farben von Sternen sehen kann. Albireo selbst ist ein gelber Stern, aber er ist auch ein Doppelstern mit einem blauen Begleiter. Diese Sterne heißen Albireo A und Albireo B.

Albireo befindet sich an der Unterseite des Kreuzes des Nordens, das kein Sternbild, sondern ein Asterismus ist (ein Asterismus ist eine leicht erkennbare Gruppe aus Sternen, die kein offizielles Sternbild ist. Ein weiteres Beispiel für einen Asterismus ist der Große Wagen). Das Sternbild ist eigentlich der Schwan. Der Schwan ist ein Sternbild des Sommers und des Herbstes.

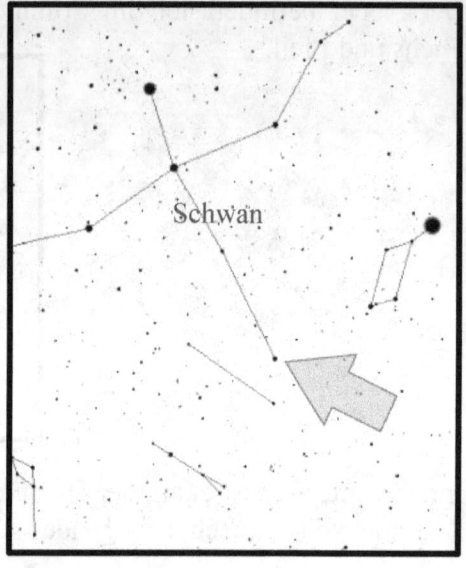

Schwierigkeit: 2 Supernovae.

Albireo durch ein Teleskop (Auf diesem Foto ist der gelbe Stern links)

34. Mizar & Alkor

Wenn Sie diese beiden Sterne sehen, brauchen Sie keinen Optiker. Der Spitzname der Sterne lautet „Pferd und Reiter." Früher war es ein Sehtest, wenn man sie im Großen Wagen sehen konnte! Heute können die meisten Menschen diese beiden Sterne mit einer Sehhilfe erkennen.

Diese beiden Sterne bilden das Zentrum der Deichsel des Großen Wagens. Achten Sie zuerst auf die Doppelsterne, die man mit bloßem Auge sehen kann, wenn Sie diese Sterne beobachten. Schauen Sie sich die Sterne dann noch einmal durch das Teleskop an. Sie werden merken, dass der hellere der beiden Sterne in Wahrheit ebenfalls ein Doppelstern ist!

Schwierigkeit: 2 Supernovae.

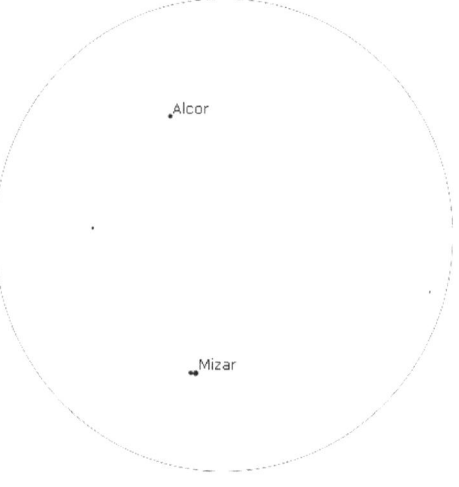

Mizar und Alkor durch ein Teleskop

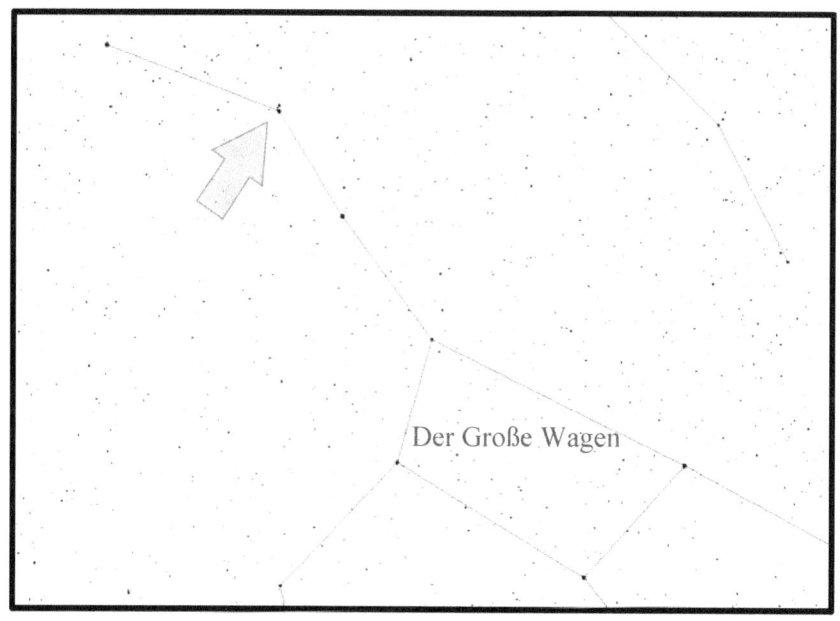

35. Doppelsternhaufen im Perseus

Diese Sternhaufen sind aus zwei Gründen bemerkenswert. Zunächst einmal sind sie in der nördlichen Hemisphäre leicht zu entdecken, da sie an den meisten Abenden im Jahr über dem Horizont stehen. Zweitens hat jedes Jahr Mitte August der Meteorschauer des Perseus hier seinen Ursprung.

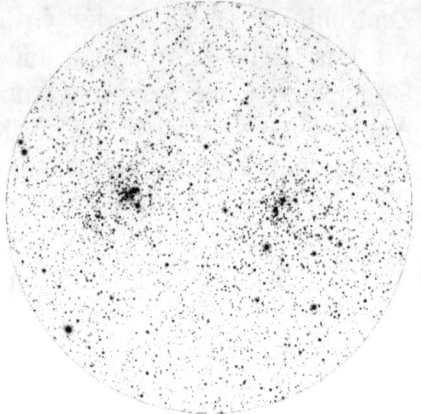

Sternhaufen sind toll, um zu zeigen, wie viele Sterne es gibt! Um den Doppelsternhaufen im Perseus zu finden, müssen Sie zu Cassiopeia (dem Himmels-W) schauen. Die Haufen befinden sich unter und links des W (oder über und rechts des M, je nach Uhrzeit und Jahreszeit).

Schwierigkeit: 2 Supernovae.

Doppelsternhaufen durch ein Teleskop

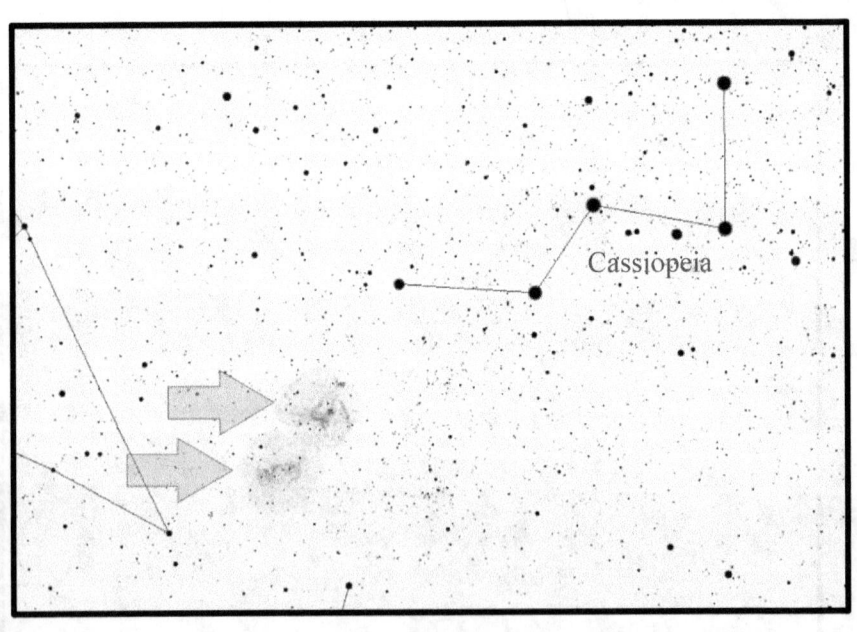

36. Wega

Ja, Jodie Fosters Heimatplanet. Nur ein Scherz (das außerirdische Radiosignal im Buch und Film *Contact* kommt von Wega).

Interessanterweise war Wega vor etwa zwölftausend Jahren der Nordstern und wird es in etwa zwölftausend Jahren wieder sein. Der Grund ist die Kreiselbewegung der Erde um ihre eigene Achse.

Die Kreiselbewegung ist eine Eigenschaft rotierender Objekte. Sie können Sie direkt bei sich drehendem Spielzeig wie einem Kreisel sehen. Wenn Sie auf den Kreisel tippen, wird er zu kreiseln anfangen, indem er leicht schwankt. Bei der Erde entsteht die Kreiselbewegung hauptsächlich durch die gravitativen Einflüsse von Sonne und Mond.

Wega ist der hellste Stern des Sternbilds Leier und kann im Sommer hoch oben im Himmel entdeckt werden. In diesem Sternbild befindet sich auch der berühmte Ringnebel (der im nächsten Abschnitt vorgestellt wird).

Schwierigkeit: 1 Supernova.

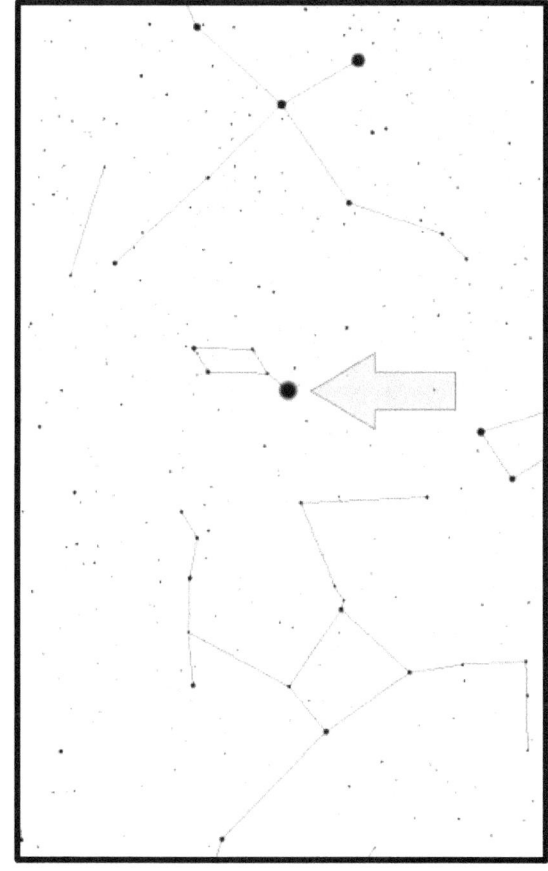

37. Der Ringnebel

Der Ringnebel ist in Ihrem Teleskop so groß wie Jupiter, aber bei Weitem nicht so hell. Bei einem kleinen Teleskop ist die Schwierigkeit, das Loch im Ring deutlich zu erkennen. Um das Zentrum des Rings zu erkennen, brauchen Sie ein Teleskop mit einem Objektiv oder einem Spiegel mit mindestens 10cm (4 Zoll) Durchmesser.

Dieser Nebel entstand, als ein Roter Riese seine äußere Hülle aus ionisiertem Gas abwarf, so dass an seiner Stelle ein Weißer Zwerg übrig blieb.

Um den Ringnebel zu finden, schwenken Sie das Teleskop zwischen die Sterne *Sheliak* und *Sulaphat* im Sternbild Leier.

Schwierigkeit: 3 Supernovae.

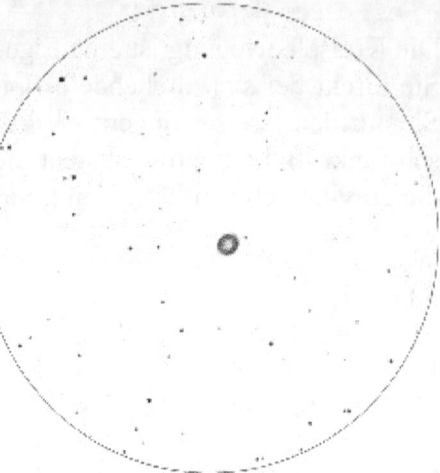

Der Ringnebel durch ein Teleskop

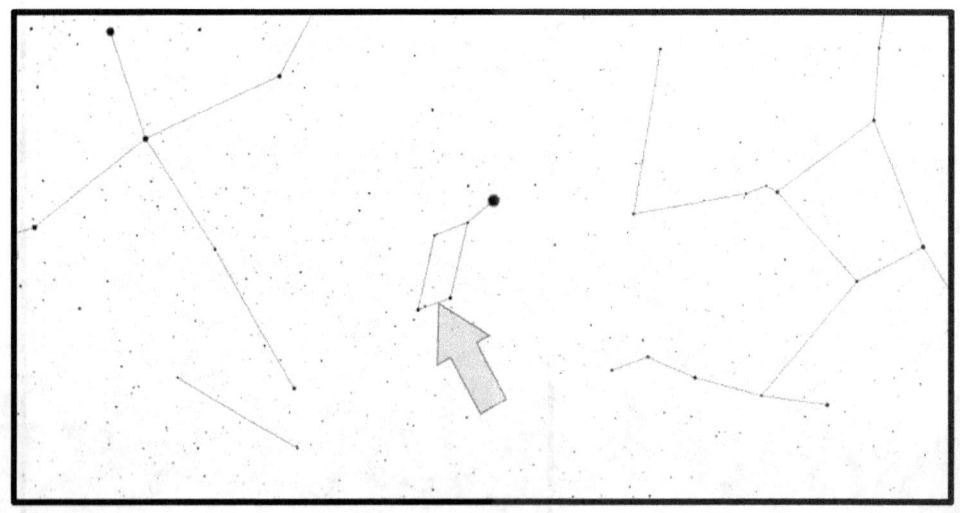

38. Meteore, Meteoriten und Meteoroiden!

Meteore, Meteoriten und Meteoroiden! Selbst ich verwechsle diese Begriffe! Eine „Sternschnuppe" ist ein Meteor. Sie können sich das leicht merken, da wir „Meteorschauer" haben, keine Meteoritenschauer. Das Himmelsgestein wird nur Meteorit genannt, wenn es am Boden aufkommt. Meteoroid ist die Bezeichnung dieses Getseinsbrockens, ehe er in die Atmosphäre eindringt. Sie werden wahrscheinlich nie einen Meteoroid durch Ihr Teleskop sehen, da sie so klein sind. Wenn sie größer als ein paar Meter sind, werden sie normalerweise als Asteroiden klassifiziert.

Wenn Sie den Himmel betrachten, werden Sie viele Meteore sehen, das garantiere ich Ihnen. Erst letzten Freitag, als ich in Walnut Creek, Kalifornien mit einer Schulgruppe gearbeitet habe, zog ein sehr heller Meteor über den Himmelsbereich, den wir beobachtet haben. Man konnte sehen, wie der Meteor in wenigen Sekunden zerbrach und verpuffte.

Die meisten Meteore sind kleiner als ein Golfball! Sie können sie sehen, da sie sich mit Dutzenden von Kilometern pro Sekunde bewegen und sehr hell brennen, wenn sie auf die Atmosphäre treffen.

Sie können Meteore mit Ihrem Teleskop sehen! Sie können das nicht planen, aber wenn Sie lange genug schauen, wir einer vorbeikommen.

Schwierigkeit: 1 Supernova ohne Teleskop, 3 Supernovae, wenn Sie das Glück haben, dass ein Meteor in Sicht kommt, während Sie in Ihr Teleskop schauen.

Der Autor mit einem Meteoriten

39. Die Asteroiden Ceres und Vesta

Sie kennen wahrscheinlich den Asteroidengürtel zwischen Mars und Jupiter, aber die meisten realisieren nicht die geringe Dichte des Gürtels. Selbst im Asteroidengürtel ist der Weltraum sehr, sehr leer. Die Masse von Ceres macht ein Drittel des gesamten Asteroidengürtels aus. Und die Masse aller Asteroiden beträgt weniger als 4% der Masse unseres Mondes!

2006 klassifizierte die Internationale Astronomische Union Ceres als einen Zwergplaneten (wie Pluto). Aufgrund der geringeren Masse wird Vesta als Kleinplanet klassifiziert. Aber beide Objekte sind klein und weit genug weg, dass sie in unserem Teleskop wie Sterne aussehen. Am sehr dunklen Himmel können Ceres und Vesta sogar ohne Teleskop gesehen werden.

Vesta abgebildet von der Dawn Sonde

Um Ceres oder Vesta zu sehen, müssen Sie wie bei einem Planeten eine Astronomie-Software benutzen. Wenn Sie die Lage des Asteroiden bestimmt haben, beachten Sie die Position der umgebenden Sterne und richten Sie das Teleskop in die Richtung. Wenn Sie nicht sicher sind, welches Licht der Asteroid ist, zeichnen Sie die Lage der hellsten Sterne in dem Bereich auf. Wenn Sie den Bereich in ein paar Tagen wieder betrachten, ist der Asteroid das Objekt, das sich bewegt hat.

Schwierigkeit: 4 Supernovae.

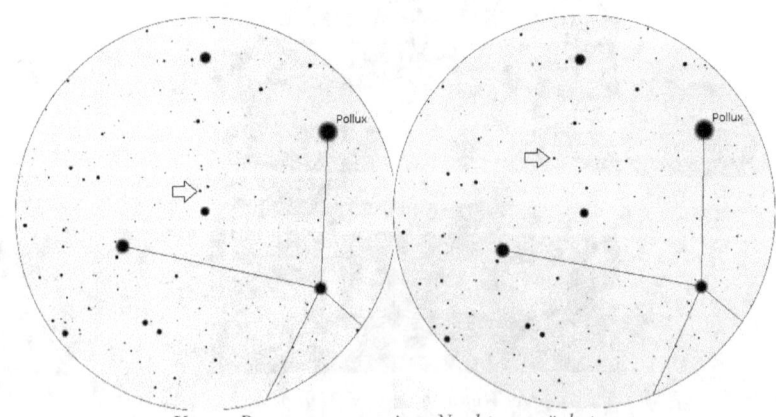

Vestas Bewegung von einer Nacht zur nächsten.

40. Die Whirlpool-Galaxie (M51)

Die Whirlpool-Galaxie kann leicht mit einem kleinen Teleskop oder sogar einem Fernglas gefunden werden, allerdings nur in mondlosen Nächten und weit weg von den Lichtern der Städte. Diese Galaxie wird von einer kleineren Galaxie begleitet, die NCG 5191 oder M51b genannt wird. Man geht davon aus, dass die gravitative Interaktion zwischen diesen beiden Strukturen der Whirlpool-Galaxie ihre deutliche Spiralform verleiht.

Astronomen haben entdeckt, dass die meisten großen Galaxien ein supermassives Schwarzes Loch in Ihrem Zentrum haben, und Beobachtungen von M51 mit dem Hubble-Teleskop zeigen eine deutliches, X-förmiges Muster im Zentrum dieser Galaxie. Ein Strich des X ist sehr wahrscheinlich Staub, der das Schwarze Loch umkreist. Der zweite Strich könnte Staub sein, der mit einem Kegel aus ionisierten Partikeln interagiert. Es bedarf weiterer Beobachtungen, bis Astronomen sich einig sein werden.

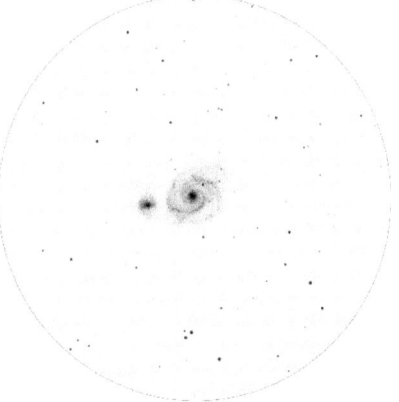

1994, 2005 und 2011 wurden in dieser Galaxie Supernovae entdeckt.

Um die Whirlpool-Galaxie zu finden, müssen Sie wie unten dargestellt ein rechtwinkliges Dreieck unter der Deichsel des Großen Wagens bilden.

Whirlpool-Galaxie durch ein Teleskop

Schwierigkeit: 4 Supernovae

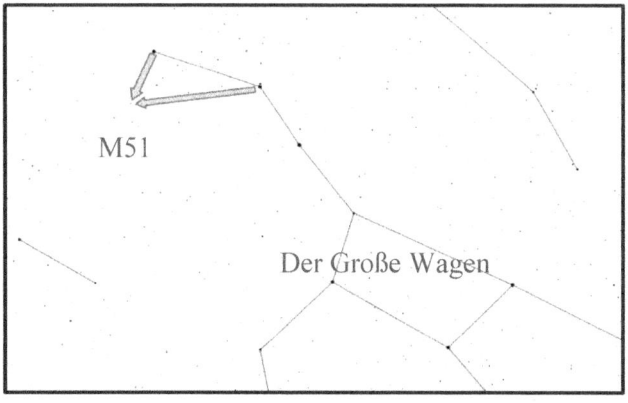

M51

Der Große Wagen

41. Schütze und Deep Sky Objekte

Selbst als Amateur-Astronom bin ich es nicht gewohnt, nach dem kompletten Sternbild des Schützen zu suchen. Zum Glück gibt es einen Asterismus (inoffizielles Sternbild) namens Teekanne, den ich als Schütze ansehe (siehe Foto).

Der Schütze ist gut geeignet, um Deep Sky Objekte zu erkunden (Objekte außerhalb unseres Sonnensystems), da er in Richtung des Zentrums unserer Galaxie liegt. Sie können dort einfach ohne irgendwelche Karten herumschauen, da es sehr wahrscheinlich ist, dass Sie eines der vielen interessanten Objekte ohne Karte finden.

In der Nähe der Teekanne können Sie den Lagunennebel, den Omeganebel und den Trifidnebel entdecken.

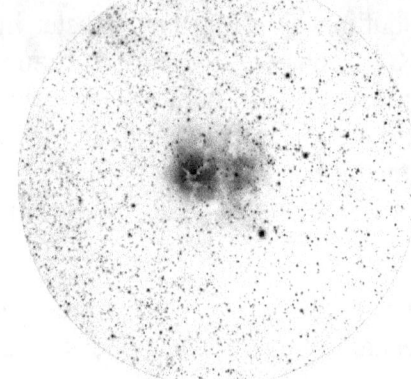

Um all die tollen Objekte im Schützen zu sehen, sollten Sie ein Okular ohne Vergrößerung wählen, da die meisten Objekte, die Sie finden werden, sehr groß sind. Suchen Sie im oberen rechten Teil der Teekanne nach Nebeln und im Rest nach Sternenhaufen.

Der Trifidnebel durch ein Teleskop

Schwierigkeit: 3 Supernovae.

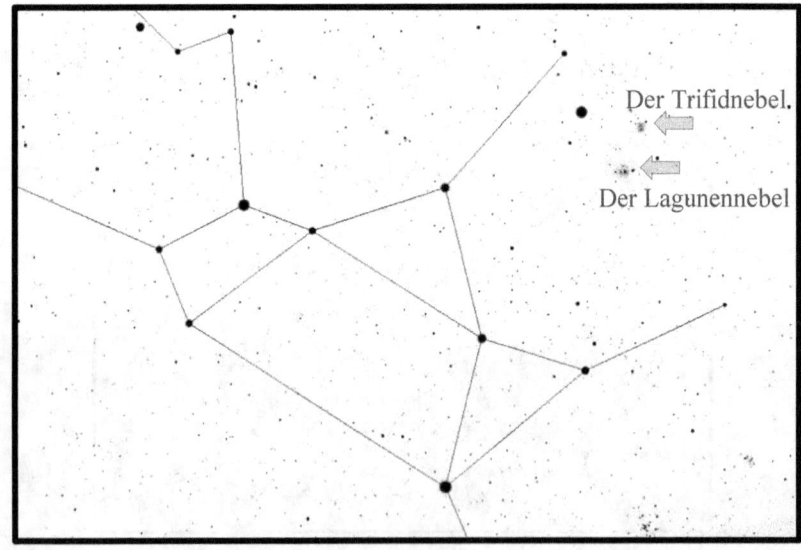

Der Trifidnebel.

Der Lagunennebel

42. M81 und M82

Nach Andromeda sind M81 und M82 die beiden Galaxien, die am leichtesten zu finden sind. M82 wird als aufgrund ihrer Erscheinung von der Erde aus als Zigarrengalaxie bezeichnet. M81 kann als Bodes Galaxie bezeichnet werden, aber diesen Begriff höre ich nicht sehr oft.

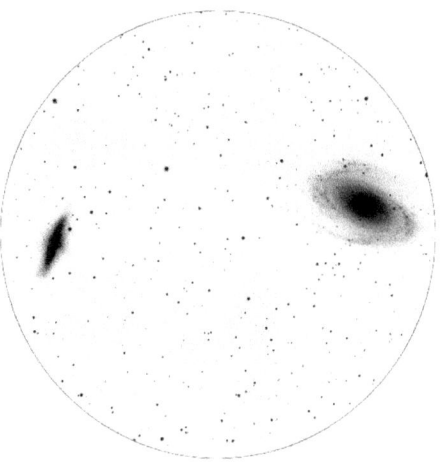

M81 ist für professionelle Astronomen besonders interessant, da in ihrem Zentrum ein riesiges Schwarzes Loch ist, mit einer Masse, die 70 Millionen mal die unserer Sonne beträgt!

Um diese Galaxien zu beobachten, sollten Sie ein Okular mit geringer Vergrößerung verwenden. Nehmen Sie den Großen Wagen als Ansatz. Bilden Sie eine Linie zwischen der unteren linken Ecke des Wagenkastens und seiner rechten Oberseite. Verlängern

M81 und M82 durch ein Teleskop

Sie dann diese Linie von der Oberseite, um zu diesen beiden Galaxien zu gelangen.

Schwierigkeit: 4 Supernovae.

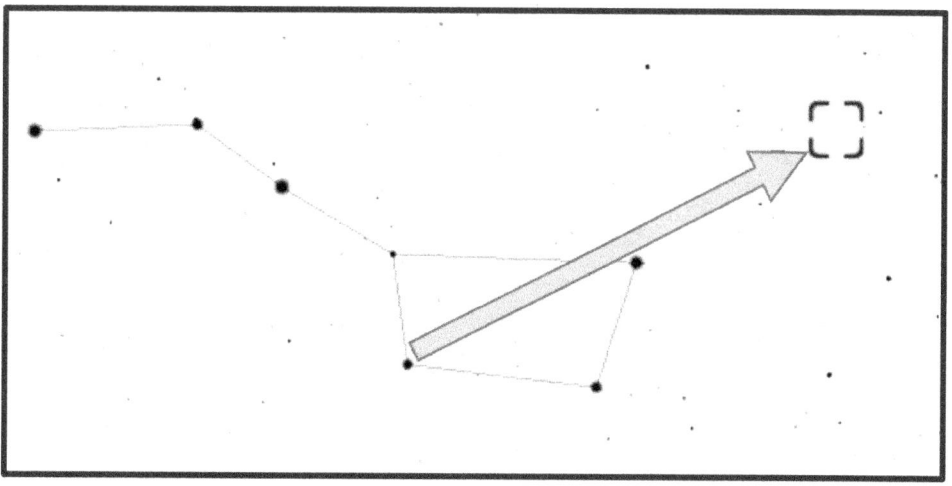

43. Uranus

Da Uranus so weit von der Sonne entfernt ist, wird er unser ganzes Leben an fast derselben Stell bleiben. Im 21. Jahrhundert bedeutet das, dass man ihm am besten im Frühherbst sieht.

Um Uranus zu finden, benutzen Sie Ihre Astronomie-Software, um die genaue Lage zu bestimmen. Verwenden Sie ein Okular mit geringer Vergrößerung, um ihn zu finden, und dann eines mit stärkerer Vergrößerung, um den Planeten und mehr seines Farbtons aufzulösen.

Schwierigkeit: 4 Supernovae.

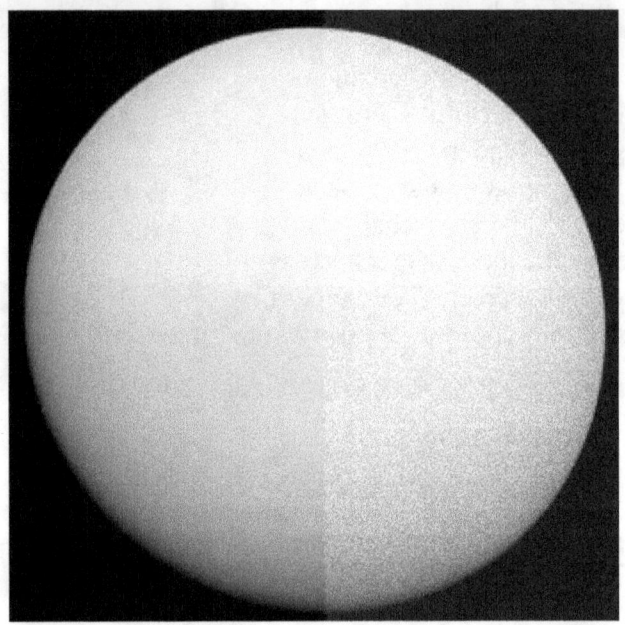

Uranus abgebildet von der Voyager 2 Sonde

44. Neptun

Jetzt da Pluto von der Astronomischen Union zu einem „Zwergplaneten" degradiert wurde, ist Neptun der am weitesten entfernte Planet zur Sonne (in unserem Sonnensystem). Wie alle anderen Planeten des Sonnensystems mit Ausnahme der Erde wurde er nach einem römischen Gott benannt, in diesem Fall dem Gott des Meeres.

Neptun ist sehr dunkel, eines der dunkelsten Objekte in diesem Buch. Aber da er blau ist, kann er von Hintergrundsternen unterschieden werden. Wie bei Uranus sollten sie ein Okular ohne Vergrößerung verwenden, um den Planeten zu finden. Benutzen Sie dann ein Okular mit stärkerer Vergrößerung, um ihn besser zu sehen. Bitte beachten Sie, dass nur Teleskope mit einem Durchmesser von 6 Zoll oder größer Neptun zu einer Scheibe auflösen können. Bei kleineren Teleskopen erscheint der Planet wie ein Lichtpunkt.

Schwierigkeit: 4 Supernovae.

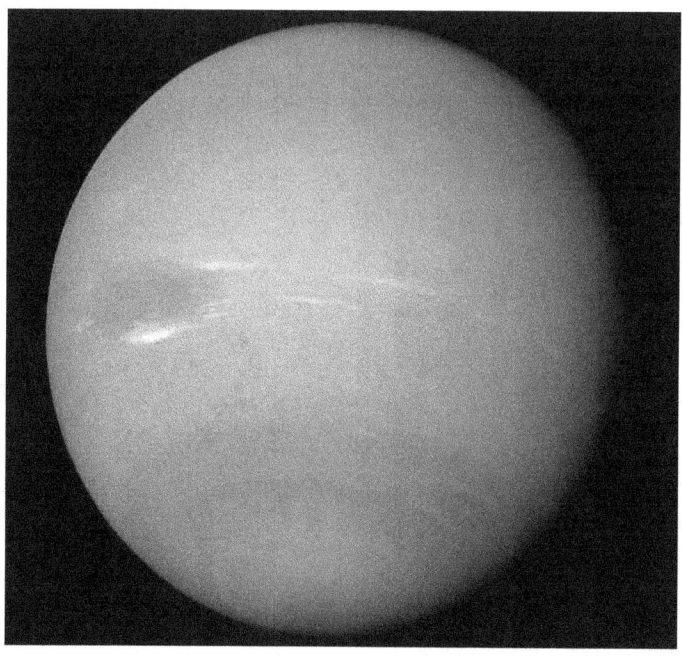

Neptun abgebildet von der Voyager 2 Sonde

45. Merkur

Da Merkur so nah an der Sonne ist, kann es sehr schwer sein, einen guten Blick auf ihn zu erhaschen. Er könnte nur ein paar Tage jedes Jahr am Abendhimmel erscheinen. Wie die Venus sehen Sie auch Merkur in Phasen. Diese Phasen haben einen starken Einfluss auf seine Helligkeit. Wenn Merkur sichtbar ist, dann nur sehr kurz direkt vor Sonnenaufgang und direkt nach Sonnenuntergang.

Um herauszufinden, wann man Merkur am besten sieht, sollten Sie eine Astronomie-Software wie Stellarium verwenden. Klicken Sie auf Merkur und stellen Sie ihn fest ein (drücken Sie die Leertaste). Spulen Sie dann mit Hilfe der Software vor, bis Merkur nach Sonnenuntergang über dem Horizont ist. Oder besuchen Sie auf Astronomie-Seiten, um darüber Informationen zu erhalten.

Wenn Sie Merkur durch Ihr Teleskop betrachten, kann er sehr hell und flimmernd erscheinen, als ob er brennen würde. Die anscheinende Helligkeit Merkurs hat mit seiner Nähe zur Sonne zu tun, aber das Flimmern mit seiner Nähe zum Horizont. Wenn Sie Objekte betrachten, die tief am Himmel stehen, schauen Sie durch mehr Atmosphäre, als wenn die Objekte über Ihnen sind. Es ist die atmosphärische Verzerrung, die Objekte flimmern lässt.

Schwierigkeit: 4 Supernovae.

Merkur abgebildet von der Messenger Sonde

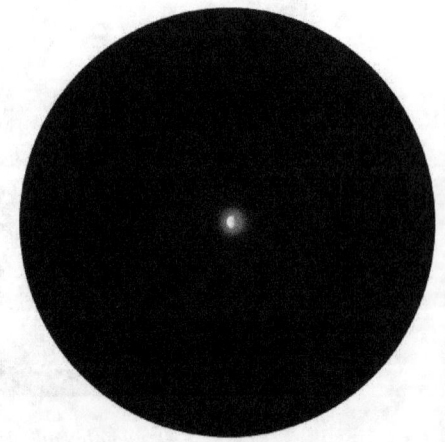

Merkur durch ein Teleskop

46. Stern-Mond Okkultation

Okkultationen entstehen, wenn sich ein Objekt im Weltraum hinter ein anderes bewegt. Wie eine Finsternis. Die häufigsten Okkultationen geschehen, wenn der Mond an einem hellen Stern vorbeizieht.

Streifende Okkultationen sind meist am interessantesten. Dabei scheint aus Ihrer Sicht ein Stern die Oberfläche des Mondes zu streifen. Während einer streifenden Okkultation ist es nicht unüblich, dass der Stern immer wieder aus der Sicht verschwindet, während er zwischen die Bergketten oder Schluchten auf der Oberfläche des Mondes entlanggleitet.

Dies ist eine tolle Möglichkeit, die „Zeit"-Funktion Ihrer Astronomie-Software zu verwenden. Wenn Sie wissen wollen, wann es eine Okkultation geben wird (ohne astronomische Zeitschriften, Magazine oder Internetseiten zu befragen), öffnen Sie einfach Ihre Astronomie-Software und wählen Sie den Mond aus.

Der Mond sollte dann in der Mitte Ihres Bildschirms feststehen (drücken Sie auf die Leertaste, wenn Sie „Stellarium" verwenden). Benutzen Sie dann die Zeit-Funktion, um die „Stunden" vorzuspulen. Sie sollten sehen, wie sich die Sterne im Hintergrund bewegen, während der Mond an seinem Platz bleibt. Sie müssen vielleicht einige Wochen vorspulen, ehe Sie sehen, dass der Mond einen hellen Stern verdeckt. Markieren Sie sich die Zeit in Ihrem Kalender und erstellen Sie eine Erinnerung etwa 30 Minuten, ehe der Stern hinter dem Mond verschwindet.

Schwierigkeit: 4 Supernovae.

47. Planet-Mond Okkultation

Noch einmal, eine Okkultation entsteht, wenn zwei Objekt in einer Linie stehen, so dass aus der Sicht des Beobachters ein Objekt das andere bedeckt. Wenn zum Beispiel Saturn hinter dem Mond vorbeizieht, würde man sagen „Saturn wurde vom Mond verdeckt" (das klingt fast, als sollte es ein Verbrechen sein).

Um eine Planeten-Okkultation zu finden, müssen Sie die gleiche Technik wie bei der Stern-Okkultation verwenden. Wählen Sie in Ihrer Software den Mond aus und spulen Sie die Stunden einige Tage, Wochen oder Monate vor, bis Sie sehen, wie der Mond direkt vor einem Planeten vorbeizieht. Erstellen Sie dann eine Erinnerung und warten Sie, bis es soweit ist.

Es ist schwer, mit dem Smartphone davon ein Foto zu machen, aber es ist nicht unmöglich. Um mit Ihrem Smartphone ein Foto zu machen, platzieren Sie die Kamera am Okular und drücken Sie auf das Bild des Mondes. Das sollte den Fokus und die Belichtung festsetzen. Machen Sie dann das Foto! Wenn es ein gutes Foto ist, posten Sie es gleich auf www.spaceweather.com. Wenn Sie es dort posten, könnte es auf CNN oder anderen großen Nachrichtensender landen!

Schwierigkeit: 4 Supernovae.

48. Der Krebsnebel (M1)

Am 4. Juli 1054 passierte etwas ganz Besonderes. Nein, es war keine Feier des Unabhängigkeitstages, das würde keinen Sinn ergeben. An diesem Tag berichteten chinesische Astronomen über einen ihrer Meinung nach neuen Stern, einen Stern, der heller als Venus war! Nach ein paar Wochen verblasste der neue Stern allerdings, aber war fast zwei Jahre weiter sichtbar, wobei er da allerdings schon fast vergessen war.

Die Geschichte hätte dort enden können, aber 1731, fast siebenhundert Jahre später, entdeckte der britische Astronom John Bevis einen Klecks an genau der Stelle. Fast drei Jahrzehnte später fügte ein französischer Kometenjäger namens Charles Messier diesen „Klecks" seinem (heute berühmt-berüchtigten) Katalog mit Objekten hinzu, die „definitiv keine Kometen" sind. Messier bezeichnete das Objekt als „M1." Anders gesagt war der Klecks der erste Punkt auf seiner Liste mit „Nicht-Kometen."

Wir wissen heute, dass der Krebsnebel der Rest einer Supernova ist. Die Chinesen haben die eigentliche Supernova beobachtet, die Explosion eines Sterns. Wenn Sie heute durch Ihr Teleskop schauen, sehen Sie die fortlaufende Explosion aus Staub und Gas, die mit fast fünf Millionen km/h durch den Weltraum rast.

Um den Krebsnebel zu finden, suchen Sie direkt über Orions Kopf.

Schwierigkeit: 3 Supernovae.

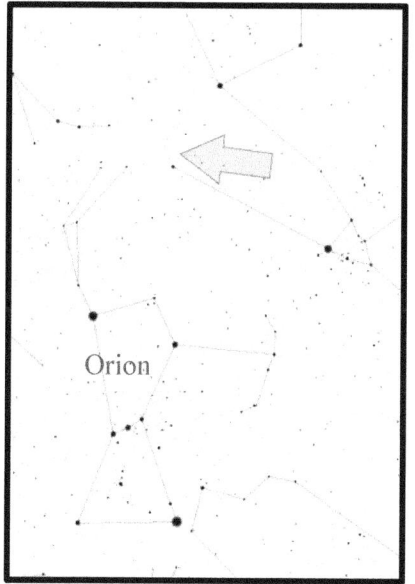

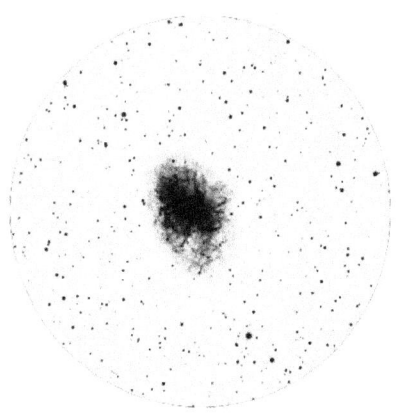

Der Krebsnebel durch ein Teleskop

49. Iridium-Flares

Wenn ein normaler Satellit in der Umlaufbahn von der Erde aus beobachtet wird, ist er so hell wie ein dunkler Stern. Satelliten sieht man oft kurz nach Sonnenuntergang oder kurz vor Sonnenaufgang schnell über den Himmel ziehen. Wenn der Satellit allerdings ein Iridium Kommunikationssatellit mit mehreren flachen, glänzenden Antennen ist, dann erwartet Sie etwas Besonderes!

Am einfachsten finden Sie die Flares der Iridium Kommunikationssatelliten, wenn Sie eine Handy-App wie Sputnik runterladen: http://sputnikapp.info Die App erstellt eine Vorhersage für Ihren Aufenthaltsort und sendet einen Alarm, wenn es Flares gibt.

Sie brauchen kein Teleskop, um diese Flares zu sehen, aber es könnte dennoch Spaß machen, eines zu benutzen. Zudem kann es eine gute Übung sein, sich bewegende Objekte im Weltraum zu beobachten, wenn Sie später etwas Herausforderenderes beobachten wollen, wie einen erdnahen Asteroiden oder die Internationale Raumstation.

Schwierigkeit: 3 Supernovae.

Iridium-Flare über San Francisco. Foto des Autors.

50. Supernova

Wenn Sie Andromeda (oder eine andere Galaxie, falls Sie sie sehen können) beobachten und merken, dass sie einen neuen „Stern" hat, haben Sie vielleicht eine Supernova entdeckt! Supernovae entstehen, wenn ein Stern explodiert und genug Energie abgibt, um eine ganze Galaxie zu überstrahlen.

Die Suche nach einer Supernova ist definitiv etwas für Amateur-Astronomen. Aber um die Methoden zu beschreiben, bräuchte man ein viel dickeres Buch als dieses hier. Zusammengefasst ist es so, dass wenn ein Stern zu einer Supernova wird, in den Stunden vor der Explosion Partikel namens Neutrinos freigesetzt werden. Diese Neutrinos werden von Instrumenten auf der Erde entdeckt, so dass man die ungefähre Lage der anstehenden Supernova kennt. Per Internet wird eine Nachricht für die Astronomie-Fans veröffentlicht und die Jagd ist eröffnet! Wenn Sie die einzige Person sind, die die Supernova beobachtet, hört man von Ihnen in den Nachrichten.

Wenn die Supernova allerdings schon entdeckt wurde, können Sie ihre genaue Lage auf Internetseiten wie http://www.skyandtelescope.com finden und versuchen, sie ebenfalls zu sehen!

Schwierigkeit: 5 Supernovae.

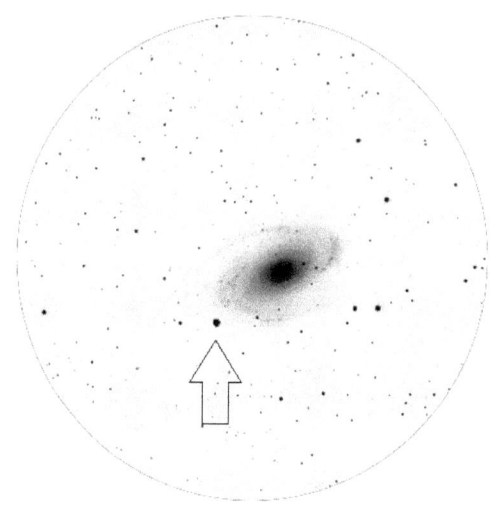

Eine Supernova durch ein Teleskop

Punkt 51 UFOs

Jedes Jahr gibt es zehntausende Berichte über UFO-Sichtungen. Diese stammen normalerweise von Menschen, die es nicht gewohnt sind, den Himmel zu beobachten, oder ihre Film- und Kameraaufnahmen betrachten und etwas sehen, das sie nicht verstehen..

UFO-Sichtungen können oft durch häufige optische Illusionen oder Phänomene, die mit der Kameraausrüstung zu tun haben, erklärt werden. Aber es ist immer noch aufregend, etwas zu beobachten, das man nicht versteht. Viele Menschen in den USA leben in der Nähe von Militärbasen und sehen Dinge am Himmel, die keinen Sinn ergeben.

Ich habe mein erstes „UFO" gesehen, als ich als Junge Zeitungen austrug. Ich stand um 5 Uhr morgens neben einem Feld, als ein helles Licht hinter einem entfernten Hügel aufstieg. Ich blieb stehen und beobachtete, wie das helle Licht größer wurde, bis es mich fast blendete. Das Licht blieb dort noch fünf Minuten und bewegte sich am Himmel vor und zurück. Dann flog das UFO (ein Dash 8 Serie 100 Luftfahrzeug) über meinen Kopf hinweg, das vordere Licht in eine andere Richtung zeigend.

Schwierigkeit: 0 Supernovae für eine Kamera-Anomalie und 6 Supernovae für eine Entführung durch Außerirdische.

Fazit

Ich hoffe Ihnen haben die *50 Dinge, die man mit einem kleinen Teleskop sehen kann*, gefallen! Wenn Sie dieses Hobby weiterführen wollen, empfehle ich Ihnen, sich einer Astronomie-Gesellschaft in Ihrer Nähe anzuschließen. Eine weltweite Liste mit Astronomieclubs können Sie hier finden:

http://www.skyandtelescope.com/astronomy-clubs-organizations/

Wenn Sie gerne Romane lesen, versuchen Sie meinen Science Fiction Thriller, The Martian Conspiracy.

„Ein harter Sci-Fi Roman mit Anflügen von Kim Stanley Robinsons *Roter Mars,* aber viel temporeicher. Wenn Sie wie ich gerne auf dem Mars leben würden, sollten Sie dieses Buch lesen."

-Graeme Shimmin, Autor von: *A Kill in the Morning*

Anhang 1: Sonnenfinsternisse 2016 – 2021

Typ	Datum	Größte Verdunkelung (UTC)	Lage
Totale	9. März 2016	1:58:19	**Totale:** Indonesien, Mikronesien, Marshallinseln **Partielle:** Südostasien, Korea, Japan, Russland, Alaska, nordwestliches Australien, Hawaii, Pazifik
Ringförmige	1. September 2016	9:08:02	**Ringförmige:** Atlantik, Zentralafrika, Madagaskar, Indien **Partielle:** Afrika, Indischer Ozean
Ringförmige	26. Februar 2017	14:54:33	**Ringförmige:** südliches Chile und Argentinien, Angola, südwestliches Katanga **Partielle:** südliches und westliches Afrika, Südamerika, Antarktis
Totale	21. August 2017	18:26:40	**Totale:** Oregon, Idaho, Wyoming, Nebraska, nordöstliches Kansas, Missouri, südliches Illinois, westliches Kentucky, Tennessee, südwestliches North Carolina, nordöstliches Georgia, South Carolina **Partielle** Nordamerika, Hawaii, Grönland, Island, britische Inseln, Portugal, Mittelamerika, Karibik, nördliches Südamerika, Tschuktschen-Halbinsel
Partielle	15. Februar 2018	20:52:33	**Partielle:** Antarktis, Südamerika
Partielle	13. Juli 2018	3:02:16	**Partielle:** Südaustralien, Victoria, Tasmanien, Indischer Ozean, Budd-Küste
Partielle	11. August 2018	9:47:28	**Teilweise:** nordöstliches Kanada, Grönland, Island, Nordpolarmeer, Skandinavien, britische Inseln, Nordrussland, Nordasien
Partielle	6. Januar 2019	1:42:38	**Partielle:** Nordostasien, südwestlichea Alaska, Aleuten
Totale	2. Juli 2019	19:24:08	**Totale:** Zentral-Argentinien und Chile, Tuamotu-Archipel **Partielle:** Südamerika, Osterinsel, Galapagos-Inseln, südliches Zentralamerika, Polynesien
Ringförmige	26. Dezember 2019	5:18:53	**Ringförmige:** nordöstliches Saudi Arabien, Bahrain, Katar, Vereinigte Arabische Emirate, Oman, Lakshadweep, Südindien, Sri Lanka, Nord-Sumatra, südliches Malaysia, Singapur, Borneo, die indonesischen Inseln, Palau, Mikronesien, Guam **Partielle:** Asien, Melanesien, nordwestliches Australien, Naher Osten, Ostafrika
Ringförmige	21. Juni 2020	6:41:15	**Ringförmige:** Demokratische Republik Kongo, Sudan, Äthiopien, Eritrea, Jemen, Rub al-Chali, Oman, südliches Pakistan, Nordindien, Neu Delhi, Tibet, Südchina, Chongqing, Taiwan **Partielle:** Asien, Südosteuropa, Afrika, Naher Osten, Westmelanesien, Westaustralien, Northern Territory, Kap-York-Halbinsel
Totale	14. Dezember 2020	16:14:39	**Totale:** Südchile und Argentinien, Kiribati, Polynesien **Partielle:** mittleres und südliches Südamerika, Südwestafrika, antarktische Halbinsel, Ellsworthland, westliches Königin-Maud-Land
Ringförmige	10. Juni 2021	10:43:07	**Ringförmige:** Nordkanada, Grönland, Russland **Partielle:** Norden von Nordamerika, Europa, Asien
Totale	4. Dezember 2021	7:34:38	**Totale:** Antarktis **Partielle:** Südafrika, Süd-Atlantik

Eclipse-Vorhersagen von Fred Espenak, GSFC NASA

Anhang 2: Sonnenfinsternisse 2021 - 2030

Typ	Datum	Zeit der grösste Finsternis (UTC)	Lage
Partielle	30. April 2022	20:42:36	**Partielle:** südöstlicher Pazifik, südliches Südamerika
Partielle	25. Oktober 2022	11:01:20	**Partielle:** Europa, Nordostafrika, Naher Osten, Westasien
Hybrid	20. April 2023	4:17:56	**Hybrid:** Indonesien, Australien, Papua Neuguinea
			Partielle: Südostasien, Indien, Philippinen, Neuseeland
Ringförmige	14. Oktober 2023	18:00:41	**Ringförmige:** westliche USA, Mittelamerika, Kolumbien, Brasilien
			Partielle: Nordamerika, Mittelamerika, Südamerika
Totale	8. April 2024	18:18:29	**Totale:** Mexiko, Vereinigten Staaten von Amerika, Ostkanada
			Partielle: Nordamerika, Mittelamerika
Ringförmige	2. Oktober 2024	18:46:13	**Ringförmige:** Südchile, südliches Argentinien
			Partielle: Pazifik, südliches Südamerika
Partielle	29. März 2025	10:48:36	**Partielle:** Nordafrika, Europa, Nordrussland
Partielle	21. September 2025	19:43:04	**Partielle:** Süd-Pazifik, Neuseeland, Antarktis
Ringförmige	17. Februar 2026	12:13:06	**Ringförmige:** Antarktis
			Partielle: südliches Argentinien, Chile, Südafrika, Antarktis
Totale	12. August 2026	17:47:06	**Totale:** Arktis, Grönland, Island, Spanien, nordöstliches Portugal
			Partielle: nördliches Nordamerika, Afrika, Europa
Ringförmige	6. Februar 2027	16:00:48	**Ringförmige:** Chile, Argentinien, Atlantik
			Partielle: Südamerika, Antarktis, westliches und südliches Afrika
Totale	2. August 2027	10:07:50	**Totale:** Marokko, Spanien, Algerien, Libyen, Ägypten, Saudi-Arabien, Jemen, Somalia
			Partielle: Afrika, Europa, Naher Osten, West- und Südasien
Ringförmige	26. Januar 2028	15:08:59	**Ringförmige:** Ecuador, Peru, Brasilien, Surinam, Spanien, Portugal
			Partielle: östliches Nordamerika, Mittel- und Südamerika, Westeuropa, Nordafrika
Totale	22. Juli 2028	2:56:40	**Totale:** Australien, Neuseeland
			Partielle: Südostasien, Ostindien
Partielle	14. Januar 2029	17:13:48	**Partielle:** Nordamerika, Mittelamerika
Partielle	12. Juni 2029	4:06:13	**Partielle:** Arktis, Skandinavien, Alaska, Nordasien, Nordkanada
Partielle	11. Juli 2029	15:37:19	**Partielle:** Südchile, südliches Argentinien
Partielle	5. Dezember 2029	15:03:58	**Partielle:** südliches Argentinien, Südchile, Antarktis
Ringförmige	1. Juni 2030	6:29:13	**Ringförmige:** Algerien, Tunesien, Griechenland, Türkei, Russland, Nordchina, Japan
			Partielle: Europa, Nordafrika, Naher Osten, Asien, Arktis, Alaska
Totale	25. November 2030	6:51:37	**Totale** Botswana, Südafrika, Australien
			Partielle: südlicher Indischer Ozean, Ostindien, Australien, Südafrika, Antarktis

Eclipse-Vorhersagen von Fred Espenak, GSFC NASA

Anhang 3: Karte der Sommerkonstellationen für die nördliche Hemisphäre

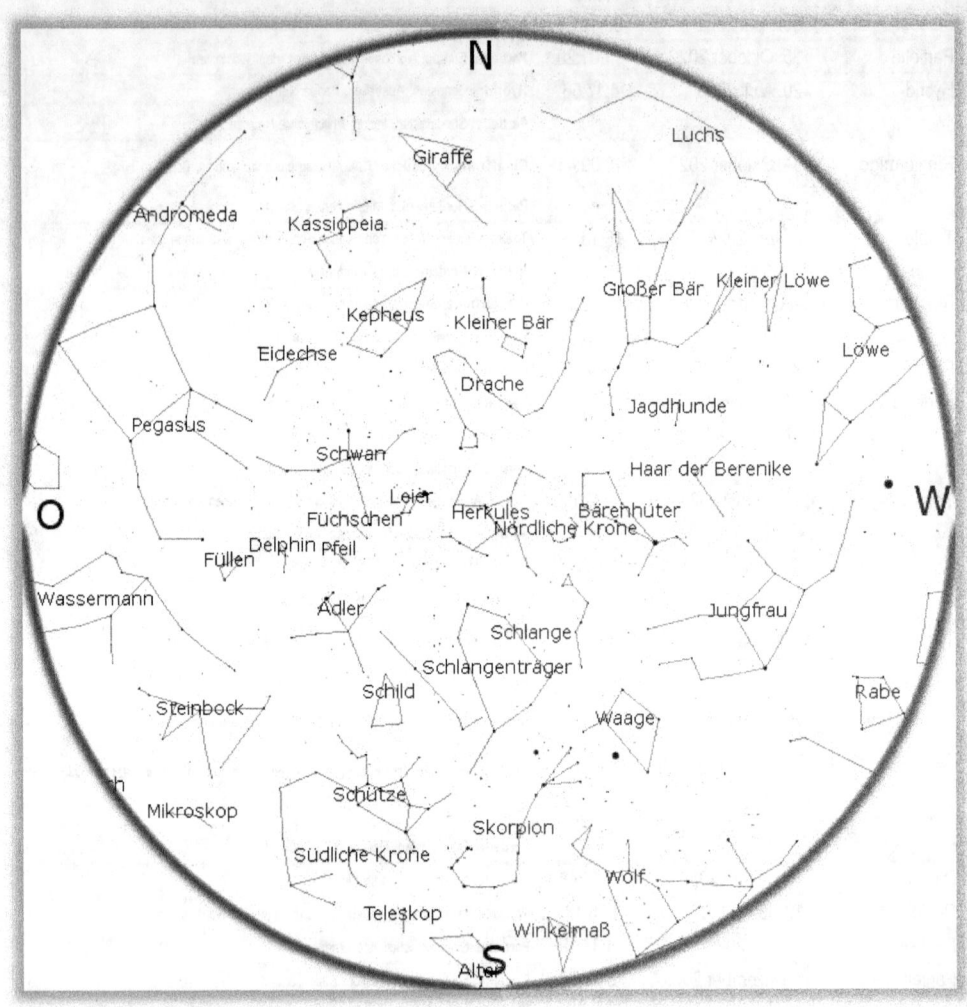

*Breitengrad 37 Grad

Anhang 4: Karte der Winterkonstellationen für die nördliche Hemisphäre

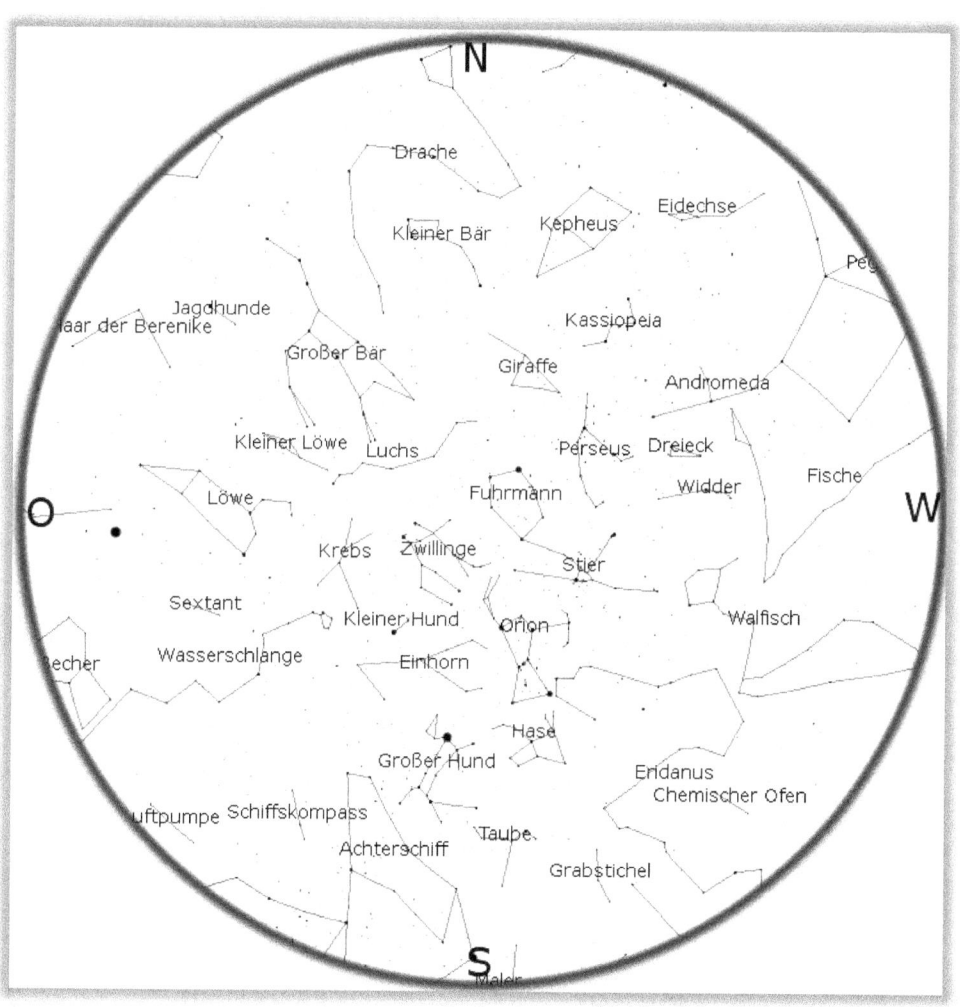

*Breitengrad 37 Grad